W0260604

Franz J. Linnenbaum

Team Excellence
effizient und verständlich

Franz J. Linnenbaum

Team Excellence
effizient und verständlich

Praxisrelevantes Wissen
in 24 Schritten

Die Deutsche Bibliothek – CIP-Einheitsaufnahme
Ein Titeldatensatz für diese Publikation ist bei
der Deutschen Bibliothek erhältlich.

1. Auflage Januar 2002

Konzeption und Layout des Umschlags: Ulrike Weigel, www.CorporateDesignGroup.de

Gedruckt auf säurefreiem und chlorfrei gebleichtem Papier

ISBN-13: 978-3-322-89835-7   e-ISBN-13: 978-3-322-89834-0
DOI: 10.1007/978-3-322-89834-0

Vorwort des Herausgebers

> Glück besteht darin, die Eigenschaften zu haben,
> die von der Zeit verlangt werden.
> Henry Ford

Wir leben in einer dynamischen Zeit. Gerade *Zeit* haben dabei Führungskräfte immer weniger, trotzdem müssen sich Manager und Managerinnen laufend mit neuen Ideen, Konzepten und Methoden vertraut machen. Die Reihe *Know-how für Führungskräfte* kommt diesem Bedürfnis entgegen. In kompakter Weise werden aktuelle Themen systematisch vorgestellt. Durch den klaren und einfachen Aufbau ist es rasch möglich, ein Thema umfassend zu bearbeiten.

Der vorliegende sechste Band befasst sich mit dem Thema *Team Excellence*. Dabei geht es vor allem auch um die sogenannten *Soft-Facts*. Obwohl diese sowohl allgemein im Business (*Business Excellence*) als auch in unseren Prozessentwicklungs-Projekten unbestritten als ein wichtiger Erfolgsfaktor bezeichnet werden, werden diese leider immer wieder vernachlässigt. Dieser Band ist dazu eine Motivation zur überlegten und erfolgreichen Teamarbeit.

Aufgrund meiner Berater- und Trainer-Tätigkeiten bei verschiedenen Unternehmungen erlebe ich, wie dieses Thema sehr aktuell ist und offensichtlich aktueller wird. Der vorliegende Band von Franz J. Linnenbaum ist dazu ein wahrer Fundus an Ideen, Konzepten und Erfahrung.

Die Buchreihe des DSC-Schmetterlings (Dr. Schnetzer Consulting AG) als Symbol für eine ganzheitliche Prozessentwicklung hat mit diesem Band eine wertvolle Erweiterung erhalten. Sollten Sie Feedback zur Reihe haben, zögern Sie nicht und kontaktieren Sie mich per Email:

feedback@schnetzerconsulting.ch

Ich wünsche Ihnen, liebe Leserinnen und Leser, viel Glück, sowie beim Studieren des Themas viele Erkenntnisse und beim Umsetzen viel Erfolg.

Küsnacht, im Dezember 2001　　　　　　　　　Dr. Ronald Schnetzer

Eine *Gruppe* aus

OVAL-KOPF Experten

kann zu einem exzellenten *Team* werden!

Dem Nachwuchs, insbesondere
Christoph und Ulrich ...

... in Diskussionen und Auseinandersetzungen
mit ihnen
habe ich gelernt,
Annahmen und Übernommenes
in Frage zu stellen
und
kreative Alternativen
partnerschaftlich zu durchdenken.

Inhaltsverzeichnis

Einleitung...10

Begriff..**13**

1 Excellence 14

2 Business Teams..16

3 Team Excellence 18

Begriff: Lessons learned – Insight I 20

Idee...**21**

4 Team Excellence Modelling 22

5 Synergien erzeugen 26

6 F-I-T für Team Kreativität 28

7 Die Teamdirigenten 32

Idee: Lessons learned – Insight II 36

Vorgehen..**37**

8 Das TEAM-STAR Konzept.....................................38

9 Strategien gegen das Umsetzungs-Dilemma 42

10 Komponenten für den Wandel 44

Vorgehen: Lessons learned – Insight III 46

Tools **47**

11 Mit L-U-S-T entscheiden 48

12 Orientiert denken 50

13 Kommunikationsinhalte wahrnehmen.........................52

14 Neue Sichtweisen erproben 56

15 Differenzieren und kombinieren 58

16 Hierarchisch einordnen und ergänzen.........................62

17 Hinterfragen, verbessern und verändern 66

18 Wissen in Innovationen verwandeln 68

19 Teamergebnisse optimieren...72

Tools: Lessons learned 74

Praxis **75**

20 Fokussiert Potenziale erschließen 76

21 Kreative Talente einer Bank mobilisieren 78

22 Netzwerke für neue Konzepte öffnen..80

23 Entscheidungen im Team effizient fällen 82

24 Entwickeln mit System 84

Praxis: Lessons learned – Mit System zur Team Excellence.................86

Epilog 87

Selbstkontrolle: Team Excellence in 24 Schritten 88

Glossar..90

Literaturverzeichnis..92

Stichwortverzeichnis 100

Einleitung

Ausgangslage / Problemstellung

It is quality rather than quantity that matters.
Seneca, ca. 40 v. Ch.

Teams im Business haben eine lange Tradition. Die meisten von uns arbeiten tagtäglich in Teams. Das ist vielen nicht jedes mal bewusst. Die notwendige Arbeitsteilung erfordert aber, dass wir andere einschalten müssen, wenn ein Problem umfassend gelöst werden soll. *Two-headed Team* hat Alex Osborn, der Erfinder des Brainstorming, die kleinste Teameinheit vor ca. 50 Jahren genannt. Privat sind Sie z.B. ein *Two-headed Team*, wenn Sie mit Ihrem Partner auf der gleichen *Wellenlänge* liegen und gemeinsam etwas unternehmen. Im Business sind Sie dieses, wenn Sie als Projektleiter mit einem Projektmitarbeiter telefonieren, um einen Projektfortschritt zu erzielen.

In Search of Excellence nannten Peters und Waterman ihre Untersuchungen, die Anfang der 80er Jahre erschienen[1]. Sie arbeiteten heraus, welche Qualitätsbedingungen und Voraussetzungen für Teams vorhanden sein müssen, um von ihnen exzellente Resultate zu erhalten.

Total Quality Management lenkte den Fokus in den 80er Jahren hin zur Kontrolle und Verbesserung von Geschäftsprozessen. Dabei wurde vorausgesetzt, dass Teams durch Moderation alle daraus erwachsenden Herausforderungen mit den Mitteln der *Wertanalyse* oder mit *KVP-Methoden* bewältigen würden.

Der Schwerpunkt der Qualitätsbemühungen hat sich inzwischen zum *Excellence Assessment* hin verschoben. Es stehen Excellence *Modelle* im Mittelpunkt des Interesses. Ziel ist es, TQM-Zertifizierungen durch ein weiteres Zeichen für Business Qualität zu ergänzen, indem ein Unternehmen einen Preis (Award) gewinnt.

Die Zukunft gehört dem *Team Quality Management (Team QM)*, denn hinter den Unternehmen stehen Teams und diese setzen sich aus Einzelpersonen zusammen. Unternehmerisches Handeln ist nur mit den einzelnen Mitarbeitern möglich. Awards können deshalb am besten gewonnen werden, wenn bei dem Wunsch nach *Best in Class* Teamqualität

---

[1] Peters T. J., Waterman R.H., 1982

im Mittelpunkt aller Bemühungen steht. Denn Excellence, das wissen wir vom Sport, erzielen nur Teams, deren Mitglieder *Könner* sind, die regelmäßig das Zusammenspiel der *Stars* üben, erprobte Kommunikationsspielregeln befolgen und gemeinsame Werte ernst nehmen. Die Organisation der Teamproduktivität darf deshalb nicht vernachlässigt werden. Dieses Buch schlägt Wege zur Verbesserung der Team Performance vor. Es ist eine Investition in individuelle Effizienz zum Wohle aller in Business Teams.

Ziel und Aufbau

Business Prozesse und deren Analyse durch ein *Assessment* stehen auf einer Seite der Medaille, die den Namen *Excellence* trägt. Auf der anderen Seite stehen Teams, die exzellente Ergebnisse erst ermöglichen. Das kann in ca. 80% aller Teamaktivitäten mit relativ einfachen Mitteln (80/20-Regel) erreicht werden. Auf drei Ebenen (Werte, Denkinstrumente und Computer Software) werden Sie in diesem Band Ansätze finden, Ihre Teamarbeit deutlich zu verbessern. Sie können damit eine Grundausstattung einfacher Handlungsprinzipien und wirksamer Tools effektiver Teamarbeit zusammenstellen, in der auch moderne Support Software ihren Platz hat.

Ziel aller Teambemühungen ist die ausgewogene Aktion *Einzelner* oder aller im Team. Deshalb steht die ergebnisorientierte *Aktion* immer im Mittelpunkt und zieht sich wie ein roter Faden durch die Ausführungen (Wer macht was? / Subjekt→*Aktivität*→Objekt).

Der Band versteht sich als Bestandsaufnahme und zusammenfassende Darstellung dessen, was aktuell verfügbar ist. Einige Themen werden nur angerissen. Einzelheiten kann der Leser dann jeweils den in der Fußnote angegebenen weiterführenden Quellen entnehmen.

Ich zitiere häufig aus älteren Publikationen, weil einige der Grundlagen inzwischen in Vergessenheit geraten sind. Der Literaturteil enthält darüber hinaus viele moderne Veröffentlichungen über Teams. Diese bestätigen einerseits ältere Einsichten empirisch, andererseits beschäftigen sie sich mit speziellen Fragestellungen und bieten dadurch dem interessierten Leser die Möglichkeit, sein Wissen über Teamarbeit weiter zu verbreitern und zu vertiefen.

Die verwendeten Begriffe sind sorgfältig recherchiert. Dort wo Termini seit langem bekannt sind, neuerdings jedoch geschützt wurden, habe ich Übersetzungen oder Umschreibungen verwendet. Der Leser wird dafür Verständnis haben und vermutlich die Originalbezeichnungen kennen. Zitate werden in *der* Sprache wiedergegeben, in der ich sie gefunden habe.

Die 24 Abschnitte des Bandes sind in folgende fünf Kapitel gegliedert:

Begriff

In diesem Kapitel werden die aktuellen Bedeutungen der Begriffe *Excellence, Teams und Team Excellence* erläutert, soweit dieses für Verständnis und Abgrenzung des Inhalts erforderlich ist.

Idee

Hier erfahren Sie, was exzellente Teamspieler für wichtig halten, wie sie sich als Partner verstehen, *Excellence Beschleuniger* einsetzen, ihre Kreativität steuern und was sie von ihren Team Leadern erwarten.

Vorgehen

Von der Idee führt Sie dieses Kapitel über *konkrete Schritte* hin zur Änderung der Kultur, in der in idealer Weise der Team Kapitän als Primus unter Partnern und als Team Coach wirkt.

Tools

Einfach zu erlernende Team Tools für Biocomputer und Computer werden in diesem Kapitel vorgestellt. Darunter fallen *Instrumente* zur Verbesserung der Denkprozesse und zur Verwandlung von Wissen in Innovationen. Wo möglich und sinnvoll wurde die Team Thematik in die Darstellung der Tools eingearbeitet.

Praxis

Erfahrungsberichte aus der Praxis ergänzen die Ausführungen. Die angesprochenen Handlungsprinzipien und Methoden bringen bereits Erfolge, wenn Einzelne im Team diese anwenden. Optimal ist es jedoch, wenn Team und Teamleiter dieses Basiswissen gemeinsam konsequent umsetzen und *Team QM* vorleben. Viele der vorgeschlagenen Instrumente können Sie auch im privaten Bereich eindrucksvoll testen.

Begriff

Sind Sie zufrieden, sagen Sie es anderen ...
... sind Sie es nicht, sagen Sie es mir.

Hinweis in einem *Frisörsalon* in den 50er Jahren,
heute nennt man sich dort *Kreativ Team*.

1 Excellence im Business

Excellence implies more than competence ...
... it implies striving for the highest possible standards.
Harold R. McAlindon[2]

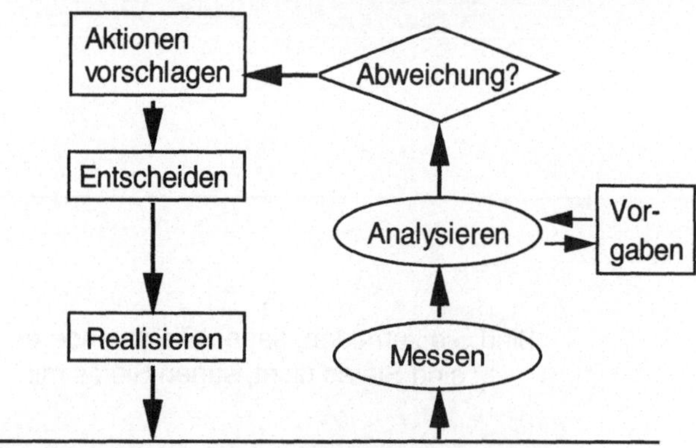

Regelstrecken im Business, Beispiele: [3]
1. Kundenorientierung
2. Führungsqualität
3. HR-Potenziale
4. Prozesse
5. Systeme
6. Verbesserungspotenziale
7. Sachbezogene Vorgehensweise
8. Lieferantenbeziehungen

Abbildung 1: Von der Regeltechnik zum *Management-Regelkreis*.

---

[2] McAlindon H.R., 1989
[3] In Anlehnung an DIN EN ISO 9000:2000

„Excellence ist bei uns Standard, nicht das Ziel!" „Wir sind ein Center of Excellence"! „Wir haben uns alle zur Excellence verpflichtet!"

Um was geht es? Was verbirgt sich heute im Business hinter dem Wort Excellence? Was ist der Unterschied zwischen einem sehr profitablen Unternehmen und einem *Center of Excellence*?

Es geht um Qualität, Qualität von Produkten, Leistungen und Innovationen, Qualität der Beziehungen zum Kunden und zum Lieferanten, Qualität von Partnerschaften, Qualität in allen Bereichen des Unternehmens, vom Vorstand bis hin zum Auszubildenden, **Qualität des Denkens**, Qualität der Zufriedenheit von Mitarbeitern und von Geldgebern, Qualität des Ansehens in der Gesellschaft (Image) und so weiter.

Wie wird diese Qualität ermittelt? In früheren Jahrhunderten bestimmte ein Stab am Hofe des Königs über exzellente Qualität (Hof-Lieferant oder Hof-Meister). Aktuell werden dazu eine Norm und zwei Modelle angeboten. Die Normschrift wurde in den 80er Jahren konzipiert und regelmäßig an die Veränderungen des Umfeldes angepasst. Sie hat heute die Bezeichnung *DIN EN ISO 9000:2000* und beinhaltet u.a. acht Grundsätze für das Qualitätsmanagement in einer Organisation. Seit 1988 gibt es das Modell der *European Foundation of Quality Management* (EFQM) und seit wenigen Jahren das *Berliner TQM-Modell* (BTQM[2]).

Wie definieren die Modelle das Erreichen von Excellence?
Qualitativ ist exzellent, was *einen höchstmöglichen Qualitäts-Standard* aufweist. **Quantitativ** wird Excellence *nach Punkten* oder in *mehr oder weniger Excellence-%* gemessen. Voraussetzung ist, dass ein *Assessment* durchgeführt wird[4]. Beim Self-Assessment wird festgestellt: „Was haben wir als Team *besonders* gut gemacht? Wo müssen wir noch besser werden?" Das Berliner Modell will „die in der Norm ausgedrückte Geisteshaltung des TQM mit dem von der EFQM geschaffenen Bewertungsmodell verbinden" und „über eine systematische Vorgehensweise konkrete Verbesserungsmaßnahmen und Aktivitäten"[5] ableiten.

Was ist der Unterschied? Zurück zur Eingangsfrage: Ein sehr profitables Unternehmen hat sich bereits bewährt, ein *Center of Excellence* muss sich, so meine Beobachtungen, im Sinne einer *self fulfilling prophecy* noch oder weiterhin bewähren.

---

[4] Vgl. Radtke P., 2000, S. 17
[5] Radtke P., 1999, S. 11

2 Business Teams

Over the long term, we know the team efforts get the best results.
Louis A. Allen[6]

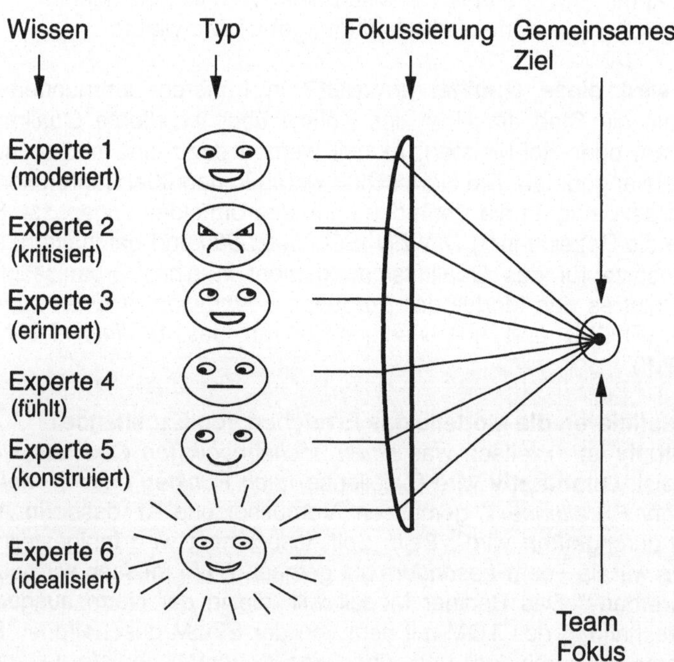

Abbildung 2: Die *OVAL-KOPF Experten*[7] beginnen mit der Teambildung.

---

[6] Allen L. A., 1964, S. 270
[7] Augenstellungen in Anlehnung an O`Connor J., Seymour J., 1993, S. 36
  Fokus in Anlehnung an Allen L. A., 1964, S. 14 (Common Objective)

Wir suchen: Berufserfahrung, Teamfähigkeit, Belastbarkeit, Zuverlässigkeit und Eigeninitiative.

Wir bieten: Eine innovative Aufgabe, ein angenehmes Arbeitsumfeld, Mitarbeit in einem jungen, motivierten Team, eine abwechslungsreiche Tätigkeit in einem expandierenden Unternehmen.
So oder so ähnlich findet man es Woche für Woche in den Stellen-Angeboten. Was bedeutet dabei Teamfähigkeit? Wann sprechen wir von einem Team?

Team: Im Laufe der letzten zwei Jahrzehnte hat sich die Definition verändert. Bis Mitte der 80er Jahre bezeichnete der Begriff *Team* im wesentlichen die zeitlich befristete Arbeitsgruppe. Die empfohlene Teamgröße lag zwischen **zwei** und **acht** Personen. Heute wird der Teambegriff fast immer dann verwendet, wenn für eine Gruppe ein *gemeinsames Ziel* oder eine gemeinsame Aufgabe (*Funktion*) definiert werden kann, unabhängig von Größe, Zeitdauer, Hierarchie und Verantwortung (z.B. *Airline Team* mit der Aufgabe, zahlende Gäste zufrieden zu stellen): „Teams allerorten. Auch die Führungskräfte sehen sich als Team"[8].

Teamfähigkeit: Da Menschen ohne soziale Einbindung nur schwer existieren können, sind die meisten von uns teamfähig, *wenn* das Umfeld stimmt. Wenn Gruppe und Individuum allerdings nicht zusammen passen, muss man sich trennen. Eigenartiger Weise gibt es kein englisches Pendant zu dem Wort **teamfähig**. In angelsächsischen Ländern werden **Teamplayer** gesucht, gelegentlich auch Teamworker. Genau so eigenartig ist es, dass in Anzeigen für höhere Positionen Teamfähigkeit nicht mehr explizit gefordert wird. Was verstehen *Sie* unter Teamfähigkeit?

Teambezeichnungen: Bei diesen überwiegt die Nennung der Funktion, z.B. *Service Team*, oder die Zugehörigkeit zu einer Organisation, z.B. *Airline Team*, oder zu einer Person. Daneben findet man Charakterisierungen nach der Art der Zusammenarbeit, wie *Virtuelle Teams*, *Remote Teams*, *Open Space Gruppen*, *Autonome Teams* u.s.w. Das nachfolgend vorgestellte TEAM-STAR Konzept ist in jeder Teamart und auf jeder Organisationsstufe anwendbar. Es kann der *gemeinsame Nenner* für alle Business Teams sein und eignet sich ganz hervorragend über Hierarchiestufen hinweg. Es kann dadurch Top→Down realisiert werden.

Das Team der *OVAL-KOPF Experten*: Geben Sie den Gesichtern (Typen) bitte spontan das Attribut *teamfähig*, wo zögern Sie?

---

[8] Klingauf P., Produktion, 31. Oktober 2001, S. 15, Werks-Report, Endress + Hauser, Maulburg

3 Team Excellence

Quality must not only exist, it must be perceived by the customer.
Harold R. McAlindon[9]

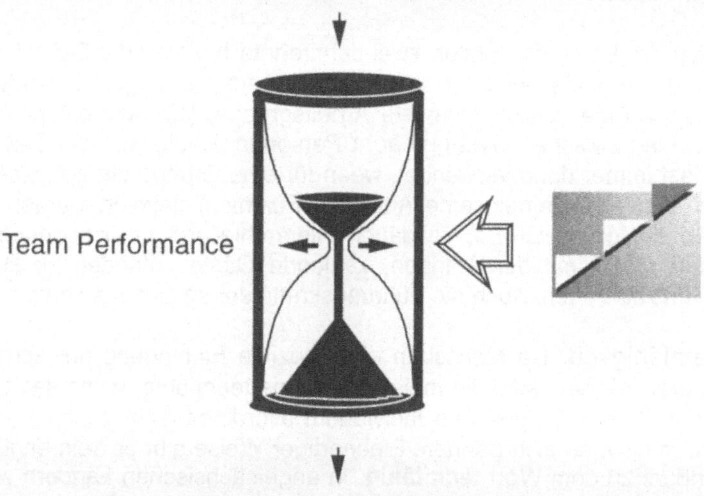

Abbildung 3: Team Performance ist der *Engpass* zur Excellence.

---

[9] McAlindon H. R., 1989

Team Excellence: Wenn ein Team exzellente Ergebnisse in angemessener Zeit erreicht, also *sehr effizient* arbeitet, kann man von *Team Excellence* sprechen. **Teamspieler** müssen dazu individuelle Interessen zurückstellen und das gemeinsame **Ziel** klar genug erkennen und akzeptieren. Nur wenn die Egoismen der Einzelnen im Team deckungsgleich sind, kann Teamarbeit optimal voranschreiten. Untersuchungen haben gezeigt, dass diejenigen Teams die höchsten Leistungen erbringen, in denen **Experten** ihres Könnens wegen respektiert werden und in denen gute emotionale **Rahmenbedingungen** herrschen[10].

Effizienz kann verloren gehen, wenn Einzelne die Gruppe dominieren. Die Teameffizienz leidet ebenfalls, wenn es zu einem ungesunden Wettbewerb zwischen einzelnen Experten kommt. Das ist dann der Fall, wenn größere Überschneidungen in den Fachgebieten dieser Experten vorliegen. Teameffizienz ist außerdem reduziert, wenn das Vergütungssystem nicht stimmt[11].

Individuum→Team→Individuum: Immer kommt es auf den/die Einzelnen an. Diese formen ein Team und übernehmen zu besetzende Funktionen als Experten. *Output* eines Teams sind **Aktionen,** die wiederum von einzelnen Personen durchgeführt werden.

Einzelteam→Gesamtteam→Einzelteam: Einzelteams sind Teil eines Unternehmensteams oder eines Netzwerks. Parallele Ausrichtung (S. 26/27) von Teams auf eine *gemeinsame* Vision und Mission bringt Synergien für alle, die an den Business Prozessen beteiligt sind.

Performance Improvement: Vielfach liegt ein Schwerpunkt der Verbesserung von *Team Performance* darauf, dass Führungskräfte zu Seminaren gehen, um zu erfahren, wie Teams *effizient* geführt werden. Dass Teams, was logisch sein sollte, mit ihrem Vorgesetzten auch gemeinsam an Trainings teilnehmen, kommt selten vor. Noch seltener ist es jedoch, dass Teams gemeinsam mit ihrem Vorgesetzten das Gelernte konsequent tagtäglich anwenden, um einen höheren Grad an **Team Excellence** zu erreichen.

Management by Vorbild: So heißt eine Strategie, die bei VW offensichtlich gefördert wird[12]. Kern dieser Philosophie kann sein, gemeinsam Erlerntes auch gemeinsam umzusetzen. Das nachfolgend dargestellte Erfolgskonzept gibt Hinweise.

---

[10] Haumer H., 1994, S. 265
[11] Vergleiche Katz N., Getting the Most Out of Your Team, Harvard Business Review , Sept. 2001
[12] Hartz P., VW-Personalvorstand, Blick durch die Wirtschaft, 20.2.1998

Begriff: Lessons learned – Insight I

Dieses Kapitel hat sich mit folgender Frage und entsprechenden Antworten befasst:

- **Wodurch definiert sich Team Excellence?**

- Exzellent ist, was *höchstmögliche* Qualitäts-Standards aufweist.

- Excellence wird nach Punkten als Resultat einer *Bewertung* (Assessment) gemessen.

- Als *Team* bezeichnet man eine *Gruppe* von Menschen, die sich auf die Bewältigung gemeinsamer Aufgaben fokussiert.

- Ein Business Team bewährt sich bei *Herausforderungen* im Business.

- Team Excellence bedeutet exzellente Ergebnisse in *angemessener* Zeit.

- Fazit Insight I: **Das Streben des Einzelnen nach höchstmöglichen Standards ist wichtig für den Grad der Excellence eines Teams.**

Jeder Einzelne zählt	Teambildung	Jeder Einzelne agiert	Team Excellence

Idee

The Power of Thinking ...
... Leading to Excellence!

Eine Erfahrung.

4 Team Excellence Modelling

Gute Teamarbeit beginnt im Kopf[13].

Abbildung 4: Lernen von den Teamstars.

---

[13] Kommentar bei der Tour de France 2001

Moment der Exzellenz (MdE): Im NLP (siehe Glossar) kennzeichnet der MdE eine Situation, in der wir mit unserer Leistung besonders zufrieden sind oder waren, in der wir uns deshalb besonders wohl fühlten.

Lernen von den Teamstars: Beobachtet man Jungen auf dem Fußballplatz, dann ist Teamarbeit unkompliziert und macht Freude. Da gibt es ein paar Regeln, jemand fragt, ob man die wichtigsten Methoden der Ballbehandlung beherrscht, und schon geht es los. Wer die Regeln nicht beachtet, wird ermahnt oder er spielt nicht mehr mit. Aber das kommt selten vor. Allen im jugendlichen Team scheint die Zusammenarbeit zu gefallen. Sie fühlen sich wohl. Warum muss das in einem Business Team komplizierter sein?

Team Excellence Modelling: Das NLP bietet Verfahren an, mit denen sich *Excellence* modellieren lässt mit dem Ziel, das Know-how, das man dabei gewinnt, auf andere zu übertragen. Durch *Modelling* wurden z.B. viele Verfahren des Coaching (*new behaviour*) entwickelt. Ermittelt wird dabei u.a. was das Modell *unbewusst* exzellent macht. Ein geschulter Beobachter nimmt die Details wahr und ermittelt auch, was jemand im Zustand des MdE sieht, hört, fühlt u.s.w. Das Ergebnis wird dann so bearbeitet, dass es anderen vermittelbar ist. Die Fragen beim *Team Excellence Modelling* lauten: Was machen exzellente Teams **anders** als mittelmäßige Teams? Was sollte im Hinblick auf Team Excellence **anderen vermittelt** werden? Die nachfolgenden Ausführungen und insbesondere die Praxisbeispiele geben Hinweise.

Zusammensetzung von Teams: ROLF BERTH unterscheidet zwischen Visionären, Transformatoren, Analysierern, Moderatoren, Machern und Verlässlichkeitssuchern und misst der *typologischen Zusammensetzung*[14] eines Innovationsteams große Bedeutung bei. Von Walt Disney wird berichtet[15], dass er zwischen Träumern (*Dreamer*), Kritikern (*Critic, Spoiler*) und Realisten (*Realist*) unterschied und diese drei Typen als Bewusstseinszustände in einer Person begriff.
Wir schließen uns der Walt Disney Strategie an und werden später die Charaktere aus Abbildung 2 in *einer* Denkeinheit zusammen führen. Vorbild ist der durchschnittliche Teamplayer, der den Visionär, Moderator, Macher u.a. in mehr oder weniger ausgeprägter Form in sich vereint (Multi-Typ). Im Rahmen dieses Buches liegt der Schwerpunkt darauf, Schwächen eines jeden Einzelnen in der Teamarbeit u.a. mit Hilfe von Tools in Stärken zu verwandeln und Stärken auszubauen (multiskilling).

---

[14] Berth R., 1997, S. 184
[15] Dilts R. B., Bonissone G., 1993, S. 146

Wir sind ein Team, das zusammenhält.
Ich erlebe hier soviel Menschlichkeit, soviel Wärme.
Es macht wahnsinnig Spaß, mit meinen Jungs zu arbeiten.
Michael Schumacher [16]

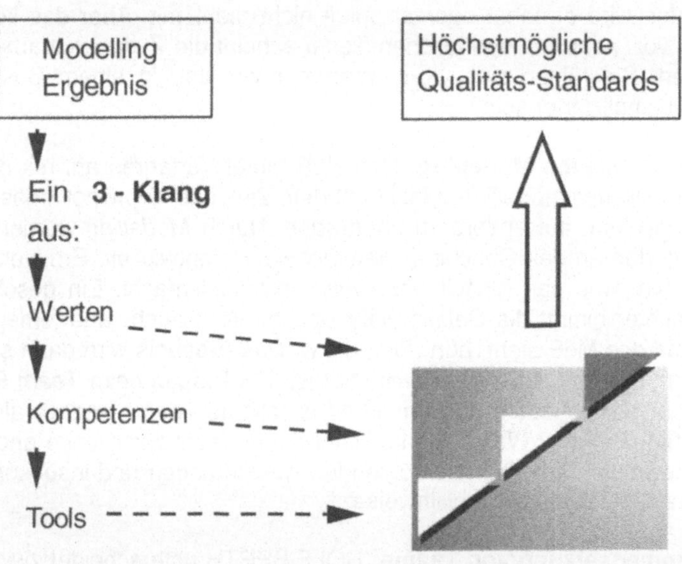

Abbildung 5: Ein *Symbol* exzellenter Teamarbeit.

Das Symbol deutet auf die zum
exzellenten Ergebnis führende
Flugformation der Wildenten hin,
einer Metapher für
„ökonomische Vernunft und moralische Haltung"[17].

---

[16] BILD vom 20.8.2001, nach dem Sieg beim Grand Prix von Ungarn in Budapest
[17] Haumer H., 1994, S. 12

Wichtige Bereiche: *Weiche Werte* (als *shared values*), stehen schwerpunktmäßig an erster Stelle. Kreativität und Teamleitung sind weitere Themen. Hier sind Kompetenzen und Tools gefragt.

Generelle Werte: Beginnen wir mit einer Studie, die 1954 begonnen wurde, 3 Jahre dauerte und weltweit 385 Unternehmen erfasste. „Menschen möchten das Gefühl haben, dass sie einen wichtigen Beitrag leisten zum Erfolg ihres Teams"[18], so das Fazit der Studie. Insbesondere das *WIR-Gefühl* sei von großer Bedeutung. Je größer dieses sei, so das Ergebnis, desto stärker sei auch die Motivation, hart und produktiv zu arbeiten, um die Ziele der Gruppe zu erreichen.

Weiche Werte im einzelnen:
1. Gegenseitiges *Vertrauen*,
2. *Wertschätzung* der Mitarbeiter und ihrer Leistungen,
3. das Thema Menschlichkeit und *Fairness* im weitesten Sinne[19],
4. „*Stabilität* in der Mannschaft ist ein *politisches* Asset"[20],
5. *partnerschaftliches Denken*.
Wertvorstellungen innerhalb eines Teams erkennen Sie an Spielregeln, Symbolen, Gebräuchen und ungeschriebenen Gesetzen.

Emotionale Intelligenz von Teams: Harvard Business Review hat unter dieser Überschrift die Themen *Emotionale Sicherheit* und *Zugehörigkeitsgefühl* dargestellt[21]. Die Beispiele zeigen, dass die Ergebnisse der Studie aus den 50er Jahren weiterhin zutreffend sind und wichtige Voraussetzungen für exzellente Teamarbeit darstellen.

Kompetenzen: *Fachkompetenz* findet in der Auswahl der Teammitglieder ihren Niederschlag, *Sozialkompetenz* ist insbesondere für die Teamleitung wichtig, *Methodenkompetenz* wird nachfolgend angesprochen.

Tools: Zur effizienten Nutzung von Tools ist *Anwendungsdrill* für Standardsituationen Voraussetzung. Offizieranwärter erhalten bei ihrer Ausbildung im Fach *Taktik* ein Handwerkszeug, mit dem sie auch in multinational zusammengesetzten Teams schnell richtige Entscheidungen treffen und präzise Aktionen vereinbaren können.
In Business Meetings wäre ein ähnliches Handwerkszeug (*kollektive Tools* und eine disziplinierte Anwendung) oft auch sehr hilfreich.

---

[18] Allen L. A., 1964, S. 270
[19] Vgl. Mohn R., 2000, S. 255
[20] Berger R., ZDF, 6.9.2001, Berlin Mitte
[21] Harvard Business Review, March 2001

5 Synergien erzeugen

Together we can change our world[22].

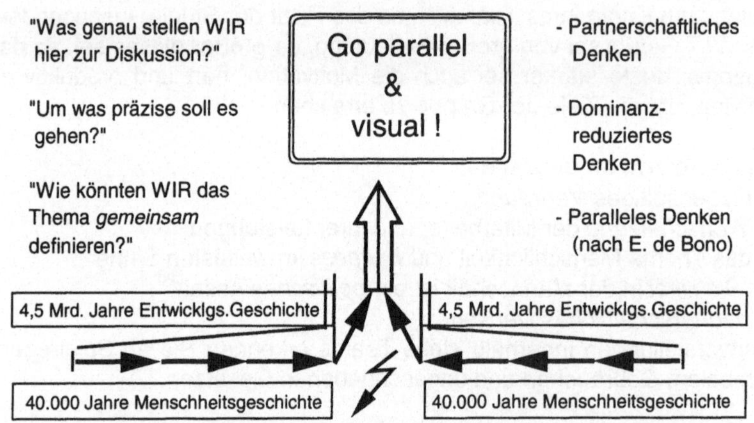

4,5 Mrd. Jahre Entwicklungsgeschichte und 40.000 Jahre Menschheitsgeschichte je Person prallen im Team bei kontroverser Diskussion gelegentlich aufeinander.

Abbildung 6[23]: P*artnerschaftliches* Denken ist ein Spiel,
bei dem *alle* gewinnen!

Nützliche Vergleiche:

Die Jagdmeute als Modell des Teamworks[24].
Geschwister vergessen in jungen Jahren schnell
ihren Streit (infight), wenn die Eltern zum
gemeinsamen Gegner deklariert wurden (Dialog & Kooperation).
Demokratie ist ein Boot, in dem *wir alle* mitrudern müssen[25].

---

[22] Daily Mail, 3.10. 2001, Headline des Berichts über die Rede von Tony Blair am 2.10.2001
[23] In Anlehnung an Häusel H.-G., 2000, S. 24
[24] Haumer H., 1994, S. 92
[25] Aus „Jasager-Neinsager-Ansager", Produktion des Theaters *Zeitraum*, Braunschweig, Nov. 2001

Liebe stellt alle Rechnungen auf den Kopf: eins + eins = drei (Volksweisheit). In ähnlicher Weise kann Teamarbeit *befruchtend* sein. Synergieeffekte im Team können durch dieselbe Gleichung dargestellt werden (1 + 1 = 3)[26]. Vom Kompromiss (1 + 1 = 1,5) unterscheidet sich dieses Ergebnis um den Faktor zwei. Sicherlich gibt es keinen Königsweg zur Synergie. Deshalb nachfolgend einige erprobte Ansätze.

Die pragmatische Vorgehensweise: „Ihr braucht Euch nicht zu lieben", so ein Teamleader aus den USA, als er Ende der 80er Jahre in seinem europäischen Projektteam von nationalen Eifersüchteleien und Dominanzbestrebungen überrascht wurde, „Ihr müsst nur gut kooperieren und Ergebnisse erzielen, mit denen der Kunde zufrieden ist".

Konfliktlösungstechniken: Es gibt viele Bücher darüber, wie sich Konflikte im Team bewältigen lassen. Diese Bücher können eine Hilfe sein, wenn die nachfolgend genannten Ressourcen ausgeschöpft sind.

Partnerschaftliches Denken: In der Reihe der Maßnahmen, Synergien zu erzielen, steht diese Art des Denkens an erster Stelle. In manchen Publikationen[27] wird von *Erzfeindschaften* zwischen den unterschiedlichen Typen im Management gesprochen. Partnerschaftliches Denken hilft hier weiter. Charakteristisch für diese Art der Vorgehensweise ist:
1. Eine *positive Grundeinstellung* zur Teamarbeit,
2. *Vertrauen* in die Fähigkeiten eines Teams,
3. die *Überzeugung*, dass partnerschaftliches Denken weiterhilft,
4. *Akzeptanz* der Person des anderen,
5. *Rücksicht* auf Besonderheiten des anderen.

Parallel Thinking: In seinem Buch mit dem gleichlautenden Titel[28] beschreibt EDWARD DE BONO paralleles Vorgehen: Von allen am Denkprozess Beteiligten wird z.B. immer *nur ein Aspekt* des Denkens gleichzeitig und gemeinsam behandelt. Gerade für *Erzfeinde* kann diese Denkstrategie eine tragfähige Kooperationsbasis schaffen.

Synergieeffizienz: Eine effiziente und zukunftsorientierte Strategie ist dadurch gekennzeichnet, dass ein Team Potenziale *parallel* ins Visier nimmt und kollektive Tools einsetzt. Wichtig ist dabei, dass alle den Blick nach vorne richten, Schuldzuweisungen reduzieren und partnerschaftliches Denken bevorzugen. Eingefahrene *Hackordnungen* werden dadurch temporär außer Kraft gesetzt.

---

[26] Blake R. R., Adams McCanse A., 1995, S. 364
[27] Vgl. z.B. Berth R., Blick durch die Wirtschaft vom 15.11.1996
[28] De Bono E., 1994

6 F-I-T für Team Kreativität

Creativity is the cheapest way to get added value from existing assets.
Edward de Bono

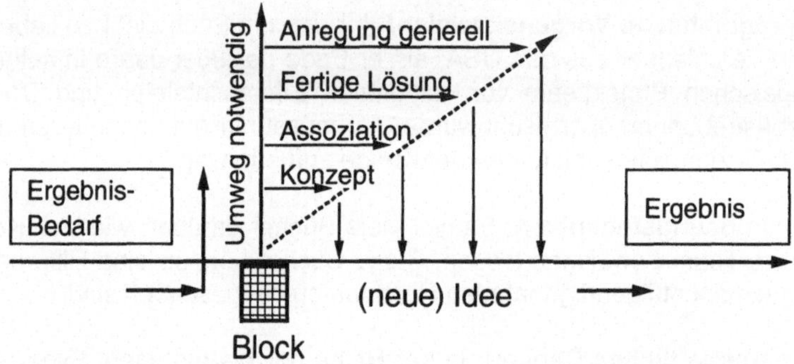

Abbildung 7: Auf Umwegen *schneller* zu kreativen Ergebnissen.

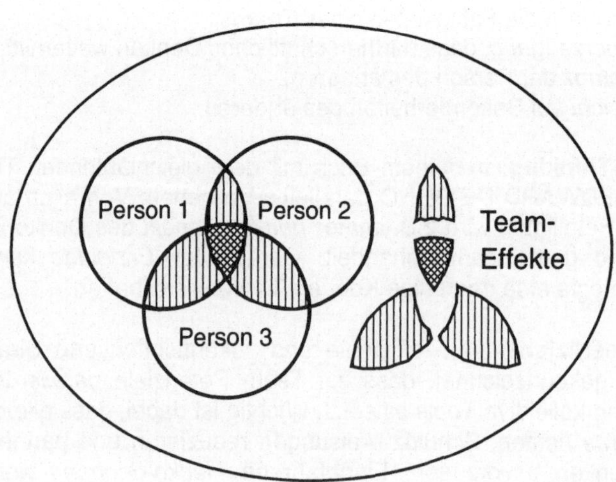

Abbildung 8: Individuelle Kreativität wird durch Teamarbeit angeregt.

Neue Ideen: Sie gehören zu den Faktoren, die – neben Produktqualität, Lieferbereitschaft und Kundenorientierung – für Ausbau und Sicherung der Marktposition eines Unternehmens von grundlegender Bedeutung sind. Viele Unternehmen haben inzwischen ihr *Reengineering* mit Erfolg abgeschlossen und Prozesse optimiert. Computer und deren Programme spielen dabei eine bedeutende Rolle. Doch, wie steht es mit den Biocomputern? Wurde der individuelle Ideen-Erzeugungsprozess auch schon verbessert, *reengineert* oder gar optimiert und standardisiert?
Was tun Sie und Ihre Mitarbeiter, wenn die Hürden unüberwindbar erscheinen, wenn gute Ideen benötigt werden und sich trotz eines *Brainstormings* und längeren Wartens keine Ideen einstellen?

Formale-Innovative-Tools (F-I-T): Vorstellung und Intuition helfen normalerweise, Ideen zu finden. Doch häufig führen diese Talente alleine nicht *schnell* genug weiter. Mit den *Tools* des kreativen Denkens (z.B. von de Bono, S. 66/67) in Verbindung mit *Fantasy* und *Intuition* (*F-I-T*) können Sie Ideen bei Bedarf erzeugen. Kreativität wird durch die Anwendung der Methoden gefördert und entwickelt. Denkfertigkeiten treten an die Stelle des Wartens auf gute Einfälle. Mit den Methoden gehen Sie einen Umweg und sind doch meist (je nach Fertigkeit) schneller am Ziel.

Total Creativity: Vor vier Jahren hat ein neuer Begriff, aus Amerika kommend, Europa erreicht: *Total Creativity*. Die Wortähnlichkeit mit *Total Quality* legt es nahe, dass diese Wortkombination etwas mit Qualität zu tun haben muss. *Total Creativity*[29] wird beschrieben als bestehend aus sechs unterschiedlichen, sich ergänzenden Bereichen:
1. Formale *Kreativtechniken*,
2. das Thema *Wahrnehmung* und unterschiedliche Methoden des Denkens,
3. die Einbindung der *Organisation* bei der Förderung der Kreativität,
4. Transparente Systeme und *Strukturen* innerhalb einer Organisation, um Ideen aufzugreifen,
5. Unterstützung durch das *TOP-Management*,
6. *Vermarktung* der Ideen.

Für **Team Excellence** stellt sich die Frage, durch welche Schritte die Qualität der individuellen Kreativität verbessert werden kann und insbesondere, wie Know-how transferiert und die praktische Umsetzung gewährleistet wird? Ein erster Schritt kann ein *Kreativitäts-* oder ein *Innovations-Audit* sein.

---

[29] Tanner D., 1997

Fragen zum Self-Assessment:	1	2	3	4	5
Sind Sie neu-**gierig** auf Alternativen ?					
Formulieren Sie Ihre **Ziele** schriftlich ?					
Sind Sie davon **überzeugt**, dass Sie kreativ sind ?					
Schaffen Sie zur Entfaltung das **passende Umfeld** ?					
Lockern Sie sich, um neue Ideen zu finden ?					
Übergeben Sie Probleme an Ihr **Unterbewusstsein** ?					
Sind Sie in der Lage, Ideen umgehend **zu protokollieren** ?					
Benutzen Sie formale **Techniken**, um Ideen zu erzeugen ?					
Nutzen Sie Ihre **Vorstellungskraft** (VAKOG) ?					
Suchen Sie bei vorlieg. Ideen nach **zusätzl. Alternativen** ?					

Selbstbewertung *) -->> 0 % niemals   50 %   100 % immer

*) Bitte je Zeile **eine** Spalte ankreuzen.

Abbildung 9: Sind Sie ein *kreativer* Manager?

Ich setze meine Kreativität frei durch:	1	2	3	4	5
Versuch und Irrtum !					
Brainstorming (nach den Alex F. Osborn Regeln) !					
Meditative Methoden (Alpha-Zustand, Traumreisen) !					
Mentale Vorstellungen (sehen, hören, fühlen, ertasten) !					
Laterales Denken (Methoden von Edward de Bono) !					
Die sechs Hüte des Denkens (von Edward de Bono) !					
Matrix-Verfahren (z.B. Matrix von Zwicky) !					
Baum-Strukturen (z.B. Mapping nach Tony Buzan) !					
Sonstiges: ....!					
Verwendung von Computer Software !					

Selbstbewertung *) -->> 0 % niemals   50 %   100 % immer

*) Bitte je Zeile **eine** Spalte ankreuzen.

Abbildung 10: Wodurch setzen Sie *Ihre* Kreativität frei?

Kreativitäts-Audit: Interne Audits sind Führungsinstrumente, die Stärken und Schwächen im Rahmen des Planungsprozesses überprüfen. Es gibt sie in vielen Unternehmensbereichen (vgl.: Assessment, S. 15).

Von Kreativitäts-Audits hört man jedoch relativ selten. Es scheint, als ob dieser Bereich in vielen Organisationen ausgeklammert würde. Das ist umso erstaunlicher, als schlecht vorstellbar ist, dass ein Unternehmen ohne Kreativität auf allen Ebenen langfristig existieren kann.

Vielleicht halten es einige fälschlicherweise für ein Märchen, dass alle Menschen irgendwie kreativ sind[30]. Vielleicht wird aber auch davon ausgegangen, dass es schwierig ist, Kreativität durch messbare Größen transparent zu machen. In dem Buch *Managing Ideas for Profit*[31] werden Beispiele für Audit-Fragen vorgestellt.

Self-Assessment: Jeder kann anhand der nebenstehenden Fragen eine erste Überprüfung durchführen. Die Tabellen sind das Ergebnis einer NLP-Untersuchung mit dem Titel: Was ist der Unterschied, der den Unterschied *ausmacht*, zwischen einem **sehr kreativen** und einem **weniger kreativen** Mitarbeiter, und wie kann man das Know-how weitergeben, um Veränderungen zu bewirken? Wenn Sie überall die Punktzahl 5 ankreuzen können, liegen bei Ihnen beste Voraussetzungen dafür vor, dass Sie mit guten Ideen zur Excellence *Ihres* Teams beitragen.

Ideen / Neue Ideen: Der eine oder andere Leser wird vielleicht schon festgestellt haben, dass es mit der Neuheit von Ideen manchmal nicht weit her ist. Da spielt sich dann folgendes ab: Man ist glücklich, etwas Neues produziert zu haben, und ist stolz darauf. Kurze Zeit später stellt sich plötzlich heraus, dass andere genau so schlau waren, aber leider schon früher. Wann ist eine Idee neu? Hier müssen wir unterscheiden zwischen der **Neuheit** für das Individuum oder das Team und der, sagen wir, globalen Neuheit. Für die Praxis der Patenterteilung gilt, dass eine Idee *neu* ist, solange diese nicht irgendwo auf der Welt veröffentlicht wurde. Zusätzlich muss sie *erfinderisch* und *ausführbar* sein.

Wozu benötigen wir Ideen? Wenn ich in meinen Seminaren diese Frage stelle, wünschen sich die Teilnehmer zunächst meist weltbewegende Veränderungen. Die wenigsten nennen Beispiele wie „einen Brief kreativ beantworten", oder **„Ideen für die Durchsetzung von Ideen** finden" (z.B. Aktionskanäle), oder Ähnliches aus dem Day-to-Day Business.

---

[30] Vgl. Berth R., Blick durch die Wirtschaft, 15.11.1996
[31] Majaro S., 1992, S. 291 ff

7 Die Teamdirigenten

Mein Motto: Zufriedenheit bei Theaterbesuchern und den Mitarbeitern/innen.
Wolfgang Scholz
Leiter des Abendpersonals
am Staatstheater Braunschweig[32].

Team-Zusammensetzung Leader	Abhängige Mitarbeiter	Unselbständige Mitarbeiter	Selbständige Mitarbeiter
Autokratischer Leader	Kann **effizient** sein bei **Routinen**.	Ist **wenig effizient**.	Kann **nicht funktionieren**.
Patriarchalischer Leader	Ist **wenig effizient**.	Kann **effizient** sein.	Ist **wenig effizient**.
Partnerschaftlicher Leader	Ist **selten funktionstüchtig**.	Ist **wenig effizient**.	Ist sehr **effizient** und **zukunftsfähig**.

Abbildung 11: Der partnerschaftliche Teamleiter ist
Primus unter Partnern.

---

[32] Staatstheater Braunschweig, Information in der Braunschweiger Zeitung, Oktober 2001

Feines Gespür: „Beste Fänge, beste Heuer!", so hieß es bis in die 60er Jahre auf den Schiffen, die zu Beginn des Sommers zum Heringsfang ausliefen. Da wünschte sich jeder, der anheuerte, dass sein Kapitän ein *feines Gespür* für die Fangmöglichkeiten hatte, damit die erfolgsabhängige Vergütung für das Team möglichst hoch ausfiel.

Intuition: Einen Teamleiter mit feinem Gespür und viel Erfahrung wünscht sich auch heute noch jedes Team. Intuition, das richtige *Bauchgefühl*, wie der Vorstandsvorsitzende der DEUTSCHEN OPEL AG, CARL-PETER FORSTER, es in einem Interview[33] bezeichnete, sind wichtige Voraussetzungen für den Erfolg.

Dank: Ein Teamchef muss darüber hinaus Mut machen und begeistern können. Er muss Impulsgeber und Initiator sein. Beobachten Sie einmal einen Dirigenten: *Meister* ihres Fachs scheinen schon das exzellente Ergebnis zu hören, bevor es überhaupt klanglich Realität annimmt und bringen dieses in ihrer Mimik und in ihren Gesten zum Ausdruck. Motivierende Dirigenten sind *mental* ins Orchester *integriert*, sie stehen nur körperlich davor. Sie sind Kapitän & Coach und spenden Lob, wo es angebracht ist. Sie verneigen sich zunächst vor den Orchestermitgliedern, bevor sie den Applaus des Publikums entgegen nehmen. „Ich bin euch dankbar, ich liebe euch alle"[34].

Sicherheit: Es ist für das Team hilfreich, wenn sein Leader Sicherheit ausstrahlen kann. Wenn Ihr Kapitän Ihnen sagt, dass das Kielboot nicht kentern kann, können Sie sich besser auf die Strategie für den Segel-Wettbewerb konzentrieren als ohne diese Information.

BASTA! Management: Ein fähiger Leader hat die Übersicht und behält *alles* im Blickfeld. Er kann auch „BASTA!" sagen, zum richtigen Zeitpunkt. Doch, oft stimmt der Zeitpunkt nicht. Es scheint für Vorgesetzte gelegentlich einfacher zu sein, *schnell* mit „BASTA!" zu entscheiden (BASTA! Experten). Die Alternative wäre eine umfassende Diskussion, welche im Rahmen „einer gesunden Streitkultur Betroffene zu Beteiligten macht", wie OBI-Vorstand UTHO CREUSEN es in einem Interview[35] ausdrückte. Zeitlich schlecht platzierte BASTA! Vorgaben müssen meist später nachgebessert werden. Das kann viel Geld kosten. Mitarbeiter werden durch voreiliges *BASTA! Management* frustriert und der Ressourcenreichtum des Mitarbeiterpotenzials bleibt dadurch oft ungenutzt. Ein guter Dirigent ist auch ein *Meister* im Timing.

---

[33] NDR 3, im August 2001, bei DAS!
[34] Michael Schumacher zu seinem Team, Handelsblatt, 20.8.2001
[35] Linnenbaum F. J., Blick durch die Wirtschaft, 24.6.1998

A boss is at his best when both
a suggester of ideas and a creative coach.
Alex F. Osborn[36]

	0 % NEIN ! ←			100 % JA ! →	
Ihr Wunsch-Leader --> **A**ktivität + **O**bjekt	1	2	3	4	5
Er / Sie -- konfrontiert sein Team mit neuen Ideen					
Er / Sie -- fordert Leistung vom Team					
Er / Sie -- delegiert Verantwortung					
Er / Sie -- setzt das Team unter Druck					
Er / Sie -- gesteht eigene Fehler ein					
Er / Sie -- zieht das Team mit					
Er / Sie -- pushed das Team					
Er / Sie -- setzt Gehorsam voraus					
Er / Sie -- fordert strickte Loyalität					
Er / Sie -- gibt weitgreifende Visionen vor					
Er / Sie -- sieht grundsätzlich alles positiv					
Er / Sie -- rügt Einzelne vor der Gruppe					
Er / Sie -- kontrolliert alle Aktivitäten					
Er / Sie -- lässt das Team seine Ungeduld spüren					
Er / Sie -- schreit das Team an					
Er / Sie -- bringt sich in die Teamarbeit ein					
Er / Sie -- öffnet Türen für das Team					
Er / Sie -- führt das Team bei der Umsetzung von Ideen					
Er / Sie -- fokussiert das Team auf die Zukunft					
Er / Sie -- kommt bei Verabredungen gerne zu spät					
Ihr Vorschlag: Er / Sie --					

Standort	Teamarbeiter	Moderator	Leader

Abbildung 12: Profilieren Sie *Ihren* Wunschleader (3 X).

---

[36] Osborn A. F., 1963, S. 50

Ihr Wunsch-Kandidat: In Abbildung 12 sind meine Erfahrungen aus nahezu 30 Jahren Industrietätigkeit im In- und Ausland mit Teamleitern aus Deutschland, Holland, England, Frankreich und den USA verarbeitet. Es sind keine Bewertungen. Ich habe von allen Vorgesetzten lernen können. Profilieren Sie *Ihren* Wunschleader. Stellen Sie sich dazu bitte in Ihrer Vorstellung in die Schuhe vom:

1. *Teamarbeiter*, der seinen unmittelbaren Vorgesetzten beschreibt,
2. *Moderator*, der sich auf seine Tätigkeit vorbereitet,
3. *Unternehmensleiter*, der eine große Verantwortung für das eigene Unternehmen hat.

Die Bedeutung der Teamleitung: Schon in der Studie aus den 50er Jahren[37] wird der Einfluss der Teamleitung auf das Ergebnis deutlich: „Einige der Manager betrachten sich als Teil des Teams und erzielen Resultate, indem sie diese gemeinsam mit dem Team erarbeiten. Andere beschränken sich darauf, Vorgaben zu machen und Forderungen zu stellen." „Unsere Untersuchungen legen den Schluss nahe, dass die Fähigkeit von Führungskräften, Teams zu managen, der wichtigste Einzelfaktor jeder Gruppenarbeit heute ist." Auch im Zeitalter der autonomen Teams hat diese Erfahrung prinzipiell *nicht* an Bedeutung verloren. Regeln und kollektive Methoden ermöglichen es einem autonomen Team jedoch, mit relativ wenig Führung auszukommen.

Das Beispiel HASSO PLATTNER: Eine Studie über den Vorstandssprecher der SAP AG[38] fügt den nebenstehenden Leadership Funktionen einige eindrucksvolle Facetten hinzu. Hier die Zitate: "Mit Autorität und Kreativität hat der Boss die Wende geschafft." „Das ist typisch für Plattner. Für ihn ist wichtig, wie man ein Problem schnell löst. Mit der Vergangenheit beschäftigt er sich nicht lange." „Plattner gibt die Richtung und die Geschwindigkeit des Zuges vor, aber es bleibt genug Raum für die Ideen und die Kreativität der Mitarbeiter unterhalb der Vorstandsebene."

Das Vorbild: Die Vorbildfunktion bedeutender Unternehmenslenker wird in deren Biographien immer wieder in den Vordergrund gestellt. Sie unterwerfen sich selbst dem Diktat der einmal als wirkungsvoll erkannten Handlungsprinzipien und geben dieses Diktat Top→Down weiter. Dabei muss der Wunsch nach Partnerschaft gelegentlich dem sanften, zunehmenden oder starken Druck weichen. *Dominanzpotenzial*, meist zurückhaltend gezeigt, wird dann gezielt zur Wirkung gebracht.

---

[37] Allen L. A. 1964, S. vii, Preface
[38] Koenen J., Der Krisen-Gewinner, Handelsblatt, 18.7.2001

Idee: Lessons learned – Insight II

Dieses Kapitel hat sich mit folgender Frage und entsprechenden Antworten befasst:

- **Wodurch lässt sich Team Excellence steigern?**

- *Gemeinsame* Werte sind eine wichtige Basis.

- Partnerschaftliches Denken *reduziert* Konflikte.

- Durch Anwendung *formaler* Tools wird Kreativität freigesetzt.

- Ein Vorgesetzter stellt sich *vor* die Mannschaft und vermittelt Sicherheit und Stabilität.

- Der Teamleiter ist *Vorbild*, Kapitän & Coach.

- Fazit Insight II: **Die Unterstützung des Einzelnen innerhalb des Teams durch ein förderndes Umfeld ist essenziell.**

Komfort-Gefühl	Können	Kooperations-Möglichkeit	K - K - K / I - T - U
Ich	Experte	Teamspieler	**Individuum**
Wir	Team Ergebnisse	Werte	**Team**
Wir alle	Tools	Support	**Umfeld**

Vorgehen

Well done is better than well said.

Ben Franklin

8 Das TEAM-STAR Konzept

In an increasingly complex world *simplicity* is becoming
one of the four key values.
Edward de Bono[39]

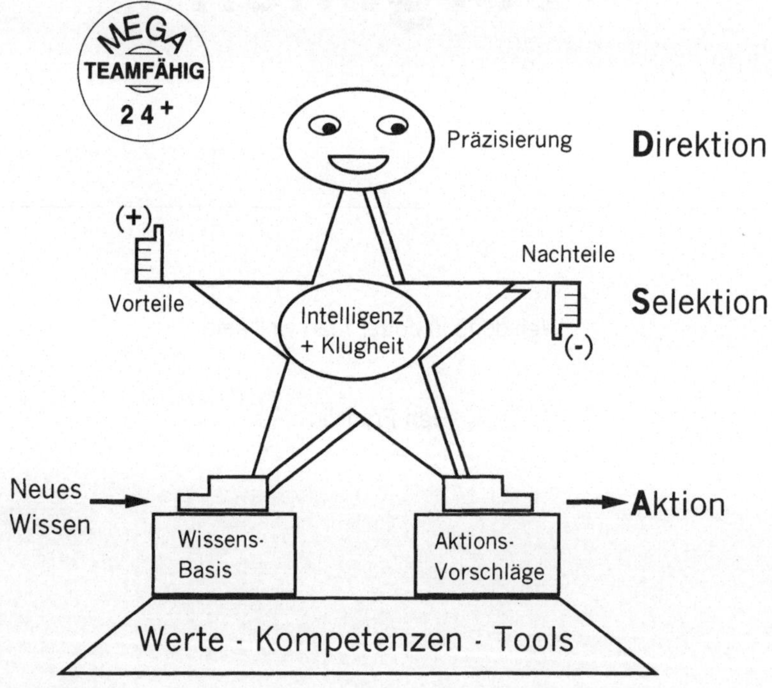

Abbildung 13: Der *Business* Teamstar hat seine *Schwächen*
in der Teamarbeit systematisch *in Stärken*
verwandelt, u.a. durch den Gebrauch von Tools,
deren Anwendung in Standardsituationen er intensiv geübt hat.

---

[39] De Bono E., 1998, S. 1

Teamstars vom Fußball (S. 22/23) und aus dem Business im Vergleich: Beide verbindet das klare Teamziel. Beide verwandeln *Vorlagen* in kreative Aktionen. Beide sind Experten und beherrschen Methoden. Die Entscheidung treffen beide in ähnlicher Form, nämlich durch das *Bauchgefühl*. Erfolg und Misserfolg können beide durch Daumenstellungen signalisieren.

Zertifikate und Preise: Gelegentlich gewinne ich im Wirtschaftsleben den Eindruck, dass sich zwei Lager gegenüberstehen: Diejenigen, die *Zertifikate* und Preise verleihen und diejenigen, die diese *Trophäen* sehnlichst begehren.

Das TEAM-STAR Konzept: Team Excellence setzt ein gutes Funktionieren des Zusammenspiels von Teamspielern im Team voraus. Fußballer trainieren das Zusammenspiel und die Einhaltung von Regeln und Werten. Erst wenn ein Spieler super *teamfit* ist, wird er für den Einsatz in Spitzenteams in Erwägung gezogen. Im Geschäftsleben dagegen setzt man auf Moderatoren und Vorgesetzte. Diese führen Teams durch Höhen und Tiefen der Methodenanwendung. Das TEAM-STAR Erfolgskonzept gründet auf der Multi-Typ Idee und überträgt die Erkenntnisse aus dem Teamsport auf Business Teams mit dem Ziel, die Schwächen des Einzelnen u.a. in der Methodik der Teamarbeit zu reduzieren und die Stärken auszubauen, wenn möglich, bevor die Teamarbeit beginnt.

Teamspieler-Zertifizierung: Könnten Sie sich mit einer *Zertifizierung* anfreunden, durch die Teamspieler nachweisen, dass sie die Anwendung bestimmter Tools und Spielregeln beherrschen? Könnten Sie sich vorstellen, dass für die Teilnahme an der Teamarbeit dieses *Zertifikat* Voraussetzung ist (teamfähig)? Was hier etwas herbeigeholt anmutet, hat einen ernsten Hintergrund: Viele Teamveranstaltungen kosten unnötig Geld, weil einige Teilnehmer ihre Art der Vorgehensweise durchsetzen wollen. Da geht es nicht um Inhalte und Lösungen, da geht es einfach um die Art der Prozedur. Jeder hat *seine* Erfahrungen und möchte natürlich dasjenige anwenden, was ihm vertraut ist. Das kostet Zeit, das kostet Geld.

Benchmarks: IBM hat vor Jahren die Effizienz der Besprechungen dramatisch dadurch steigern können, dass ein Change-Programm auch eine sehr wirkungsvolle Biocomputer Kommunikations-Software enthielt, nämlich *sechs farbige Hüte* (S. 67). Dabei war nicht alleine die *Hüte-Technik* der Beschleuniger, sondern insbesondere die Tatsache, dass die jeweiligen Mitglieder eines Teams mit dieser Technik vertraut waren und dass diese Methode von allen akzeptiert wurde.

The difference between ordinary and *extra*ordinary is that little *extra*.
Harold R. McAlindon[40]

Die Basis		Der Weg
True	T	Train
Excellence	E	Enable
Accelerator	A	Applicate
Management	M	Maintain

Abbildung 14: Trainingsmaßnahmen systematisieren.

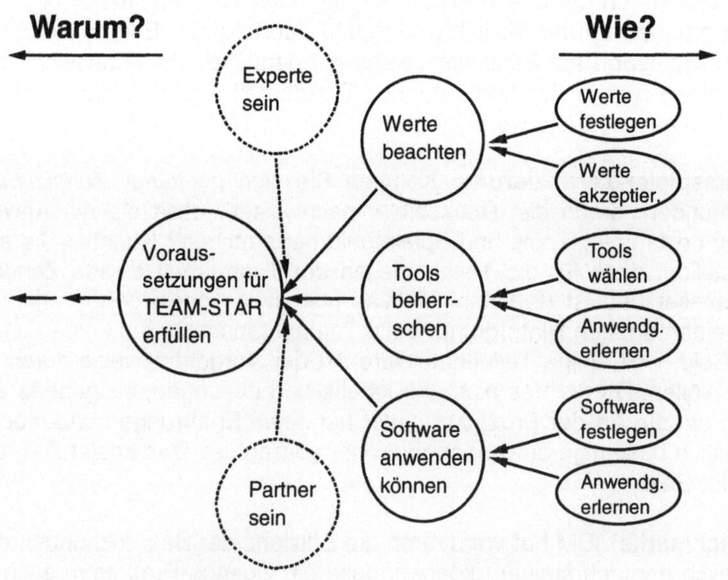

Abbildung 15: Eine *Zertifizierung* für Teamspieler durchdenken.

---

[40] McAlindon H. R., 1989

Andere Unternehmen haben diese Tools ebenfalls eingeführt und vergleichbare Erfolge erzielt. In den Praxisbeispielen finden Sie Berichte[41].

Excellence Beschleuniger: Das Management derartiger oder anderer *Beschleunigungshilfen* wird in Zukunft mit darüber entscheiden, wie schnell ein Unternehmen agieren kann. Das TEAM-STAR Konzept gibt hierzu Empfehlungen. Es schlägt einfache Handlungsprinzipien vor und die Verwendung kollektiver Biocomputer Tools, um den Engpass *Team Performance* aufzuweiten oder für viele Business Teams gänzlich zu beseitigen.

Die Mission des TEAM-STAR Konzepts: Der Geschäftsleitung und den Mitarbeitern bewusst machen, dass kollektive Tools und Regeln die Zusammenarbeit stark vereinfachen und sich die Ausrichtung darauf umgehend amortisiert.

Die Vision: Teams wenden die Methoden und Handlungsprinzipien bereichsübergreifend an, verstärken dadurch ihre Innovationskraft und erzielen Spitzenleistungen.

Die Basis: Sie wird gebildet durch zukunftsorientiertes Management folgender *Excellence Beschleuniger.*
1. Partnerschaftliches Denken (together we are strong).
2. Fähigkeiten der Teamdirigenten und der Teamspieler.
3. Denkwerkzeuge (Training).
4. Computer Software (Training).

Der Weg: Der Lernprozess ist von großer Bedeutung. Um einen nachhaltigen Effekt zu erreichen, sollten alle Trainings-Maßnahmen in vier Schritten durchgeführt werden: **T**rain, **E**nable, **A**pplicate, **M**aintain (**TEAM**). Kern dieses Ansatzes ist es, die Wirksamkeit des Trainings an wirklichen *Business Problemen* zu erfahren, und die Mitarbeiter bis zur vollen Umsetzung des Gelernten in der täglichen Praxis zu unterstützen. Dadurch wird die mentale *Flexibilität* im Team erhöht und vorhandenes Wissen für den *Erfolg* des Teams freigesetzt.

Taskforces: In *speziellen* Fällen ist eine typologische oder rollenspezifische Teamzusammensetzung durch sechs[42] oder sieben[43] Typen sicherlich sinnvoll. Im *normalen* Business Alltag stellt das vorgestellte Konzept jedoch eine sehr solide *Grundlage* für exzellente Teamarbeit dar.

---

[41] Vgl. auch Linnenbaum F. J., Blick durch die Wirtschaft, 24.6.1998, Beispiele: OBI und SIEMENS
[42] Berth R., 1997, S. 184
[43] Moi A. et al., 2001, S. 122

9 Strategien gegen das Umsetzungs-Dilemma

All things are difficult before they are easy.
John Norley

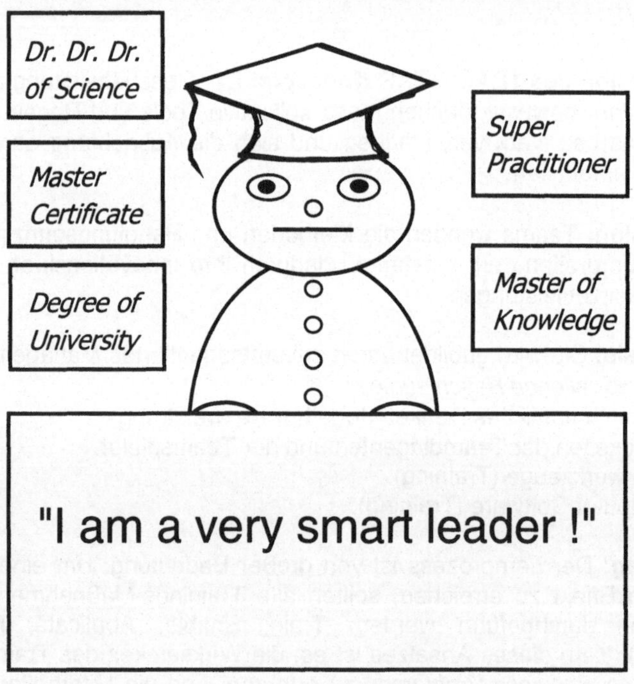

Abbildung 16: Smarte Leader *konservieren* ihren Nimbus[44]
und *outen* sich gelegentlich als
BASTA! Experten.

---

[44] In Anlehnung an Harvard Business Review, 05/91

Sie werden auch **yes-butter** (yes..., but...!) genannt, diejenigen, die immer *sofort* wissen, warum etwas nicht funktionieren wird. Sie erkennen sogar oft die großen Vorteile einer neuen Vorgehensweise, wollen diese aber im Grunde nicht einführen und nutzen nun ihre ganze **Intelligenz**, um zu blockieren. Je intelligenter Verantwortliche sind, desto mehr Möglichkeiten haben sie, schwer überwindbare Mauern aufzubauen. Zu ihrem eigenen **Schaden**, wie Harvard Business Review 1991 in einem Beitrag mit dem Titel „The smartest find it the hardest to learn" feststellte. Der Erfolg von gestern und heute wird dann zum größten Hindernis für den Erfolg von morgen. Das ist das Umsetzungs-Dilemma.

Manchmal sind persönliche Eitelkeiten dafür verantwortlich, häufiger jedoch **Ängste** davor, dass der Nimbus, den jemand hat oder zu haben glaubt, Kratzer bekommt. Leider!

In nahezu allen meinen Seminaren höre ich folgenden oder ähnliche **Stoßseufzer**: „Was nützt es, dass ich diese praktischen Techniken erlerne, im Alltag tanze ich doch bald wieder nach einer anderen Melodie!" Das wäre Geldverschwendung.

Um einen akzeptablen ROI (Return on Investment) zu erhalten, sollte eine Einführungsstrategie minimal auf vier Säulen stehen:
1. Der **Boss** muss mit *im Boot sitzen*, wenn eingeübt wird.
2. Eine bestimmte Personenzahl im Team, die **kritische Masse**, sollte ein Training mitgemacht haben.
3. In Netzwerken besteht die kritische Masse aus **vielen Teams.**
4. Die Unternehmensleitung oder Netzwerk-Verantwortliche müssen **Druck** ausüben.

Gerade die **Qualität der Unterstützung** durch die oberen Etagen ist von ausschlaggebender Bedeutung für den Erfolg eines Programms zur Verbesserung der Team Performance. Ein sogenannter **Champion**[45] auf oberster Leitungsebene muss sich verantwortlich fühlen und als *Treiber* seine Energie gezielt darauf richten, dem Förderprogramm die **Startphase** zu erleichtern. Zusätzlich müssen Mitarbeiter, die motiviert und imstande sind, Energie in den Einführungsprozess zu investieren, die **Keimzelle** bilden und mit diplomatischem Geschick den *unglaublichen* **Nutzen** demonstrieren. Das kann auch der oberste Führungskreis sein, der dann Erfahrungen nach unten weitergibt. Ein Beauftragter für Team Performance, der über das notwendige **Methodenwissen** verfügt, kann als Ansprechpartner ebenfalls wichtige Unterstützung leisten.

---

[45] De Bono E., 1992, S. 254

10 Komponenten für den Wandel

The most successful teams adapt quickly to new ways of working[46].

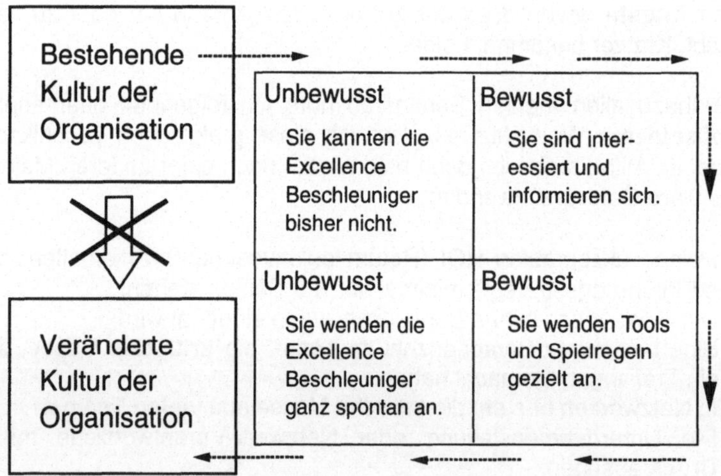

Abbildung 17: Der *Prozess* des Lernens.

---

[46] Edmondson A., et al. Speeding Up Team Learning, Harvard Business Review, Oct. 2001

Teams im Spannungsfeld: Die Elemente des TEAM-STAR Konzepts sind sehr effizient und haben sich vielerorts bewährt. Mit einfachen Strategien und Tools wird die individuelle Performance angehoben. Synergieeffekte führen dann zur Team Excellence. Das Dilemma der Einführung neuer Techniken ist in den allermeisten Fällen nur durch *Vorbild*, Druck und Kontrolle Top→Down zu lösen. Teams befinden sich in einem Feld, in dem wie in einem Kaleidoskop alles in Bewegung ist. Das erfordert Lernen, Anpassung und Nutzung verfügbarer Ressourcen (S. 69).

Aktionen: Um bestehende Business Prozesse durch neue Lösungsansätze (*Solutions*) zu verbessern (*Highest Possible Standards*) sind Aktionen Voraussetzung. Ziel muss es sein, *Benchmarks* zu setzen, die für andere richtungsweisend werden (*Team Excellence*).

Komponenten: A. F. OSBORN hat Bedingungen genannt, die auch heute noch u.a. als *weiche Faktoren* Gültigkeit besitzen[47]:
1. Ein Team (es besteht aus mindestens 2 Personen) hat ein gemeinsames Ziel, setzt sich eine gemeinsame Aufgabe oder hat einen gemeinsamen *Feind*.
2. Dominanzbestrebungen treten in den Hintergrund, individuelle Interessen decken sich mit *Team Interessen*.
3. Jeder im Team *teilt* Wissen und Ideen.
4. Jeder trägt dazu bei, eine *Atmosphäre* des Vertrauens zu schaffen.
5. Jeder stellt seine *Kräfte* zur Erreichung des gemeinsamen Ziels voll zur Verfügung.

Der Lernprozess: Diese fünf Komponenten sind die wichtigsten Excellence Beschleuniger. Sie führen automatisch zu ersten Synergieeffekten. Weitere Aktionsziele in diesem Lernprozess sind: Aktiv und kreativ Freunde gewinnen (*erarbeiten*), aktiv Verbündete finden, aktiv Netzwerke aufbauen und aktiv Allianzen schmieden.

Schwierigkeiten: Es gibt oft Probleme, wenn Mitglieder im Team eigene Interessen zurückstellen und Wissen und Ideen teilen sollen. Das *not invented here* oder die Einstellung „das ist nicht meine Erfindung, also lehne ich sie ab" hat immer noch große Bedeutung in einer Zeit, in der neue Ideen mehr und mehr das Wissen und die Erfahrung aller Teamspieler erfordern. Durch Anwendung der *Excellence Beschleuniger* erfährt jeder, dass Teamarbeit auf Dauer gesehen für jeden mehr bringt als Alleingänge einzelner Personen. Auch *Konflikte innerhalb einer Gruppe* können in Teamarbeit durch die Beschleuniger reduziert oder beseitigt werden.

---

[47] In Anlehnung an Osborn A. F., 1963, S. 55, 144 ff. (1. Auflage 1954)

Vorgehen: Lessons learned – Insight III

Dieses Kapitel hat sich mit folgender Frage und entsprechenden Antworten befasst:

- **Welche Maßnahmen begünstigen das Performance Improvement?**

- Zuerst ist festzulegen, *was* gemacht werden soll.

- Das TEAM-STAR Konzept *bietet* Ansatzpunkte.

- Bei der Einführung müssen Vorgesetzte *als Erste* ins Boot geholt werden (Säule 1).

- Erst die *Überschreitung kritischer Massen* bringt die gewünschten Vorteile (Säulen 2 und 3).

- Der Prozess des Lernens ist beendet, wenn *unbewusst* perfekt gehandelt wird.

- Die *Nachteile* von Alleingängen müssen allen bewusst sein.

- Fazit Insight III: **Ein Champion und der oberste Führungskreis bestimmen die Geschwindigkeit des Vorgehens (Säule 4).**

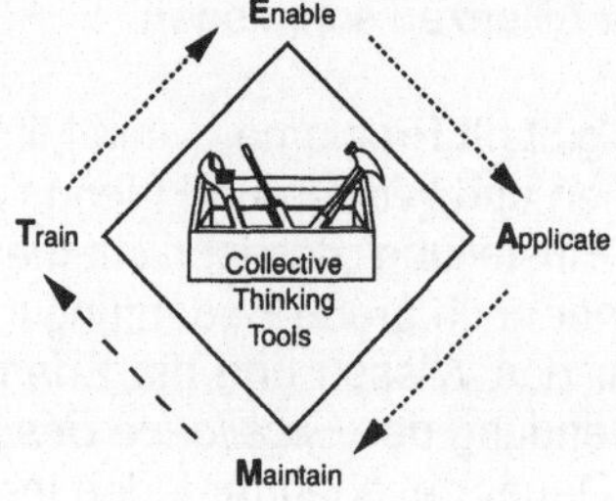

Tools

Genius is the ability to reduce the complicated to the simple.

C.W. Ceran

11 Mit L-U-S-T entscheiden

Das Herz hat seine Gründe, von denen der Verstand nichts weiß.
Pascal

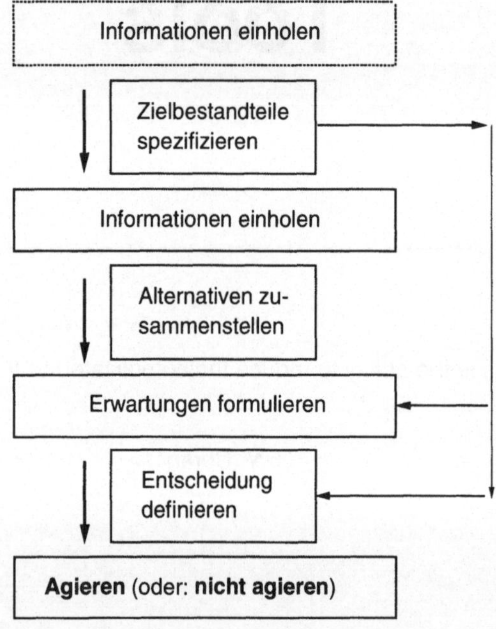

Abbildung 18: Der Entscheidungsprozess schematisch[48].

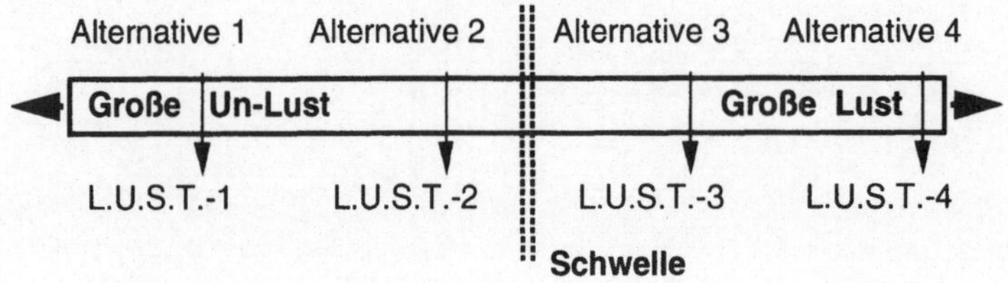

Abbildung 19: Der Lust-Unlust-Status-Test (L-U-S-T).

---

[48] In Anlehnung an Linnenbaum F. J., 1974 , S. 36

Festlegung einer Aktion: Aktionen sind unser zentrales Thema. Sie stehen am Ende einer jeden Phase der Teamarbeit. Auch *nicht* zu agieren kann eine Aktion sein (in Anlehnung an die Erkenntnis von Paul Watzlawik: „Man kann nicht *nicht* kommunizieren"). Vor der Aktion steht eine Entscheidung, die das Team mit dem aktuell verfügbaren Wissen und mit den daraus resultierenden Erwartungen fällen kann. Die sechs Elementar-Komponenten im Prozess der Entscheidungsfindung (Ziel, Information, Alternativen, Vorteile, Nachteile, Emotionen) sind bekannt[49].

Gefühle: Sie spielen bei der Entscheidungsfindung eine *einzigartige* Rolle. Gefühle bestimmen letztendlich die Entscheidung, aber Erwartungen bestimmen die Gefühle und Informationen bestimmen die Art der positiven und negativen Erwartungen, die Sie und Ihr Team haben in bezug auf die vor Ihnen stehenden Alternativen. Sie können diese Kette an jeder Stelle unterbrechen. Die Erfahrung zeigt, dass oft frühzeitig auf das Gefühl gesetzt wird, wenn z.B. ohne umfassende Untersuchung *mehrerer* Alternativen gefragt wird: „Wer ist dafür? Wer ist dagegen?" (Spontanentscheidung).

Ziele: Entscheidungen sollen ein bestimmtes Ergebnis erreichen. Das Team muss daher zunächst festlegen, wie dieses Ergebnis aussehen, oder sich anfühlen soll. Anstreben sollten Sie (aus dem NLP):
1. *Positive* Zielformulierungen. Was das Team wirklich will!
2. *Spezifische* Formulierungen. Wer? Was? Wann? Womit? u.s.w.
3. *Beweise* für die Zielerreichung. Was sieht und hört das Team?
4. Ihren *Eigenanteil.* Was können Sie/das Team beeinflussen?
5. Einen *Ökologie Check.* Wollen Sie das Ergebnis wirklich?

Mit L-U-S-T entscheiden: Entscheidungen werden zugunsten derjenigen Alternativen gefällt, die Unlustgefühle am besten vermindern oder besser noch, Lustgefühle vergrößern[50]. Die nebenstehende Meßlatte symbolisiert Alternativen mit unterschiedlichem **L**ust-**U**nlust-**S**tatus-**T**est Ergebnis. In machen Fällen müssen *Bauchgefühl*-Mindestwerte überschritten werden (Schwelle) bevor Sie überhaupt aktiv werden.

Entscheidungen im Team: Dazu müssen Sie Interessen ausbalancieren und/oder die *Bauchgefühle* aller Teamspieler abfragen. Welche Mehrheitsverhältnisse dabei gelten sollen (z.B. einfache Mehrheit, 2/3 oder 1/1 Mehrheit), darüber lassen Sie das Team am besten auch abstimmen.

---

[49] Vgl. auch Linnenbaum F. J., 1974, S. 27, 36 ff.
[50] Hirt J., 1970, S. 83 ff.

12 Orientiert denken

Quality products and quality services begin with quality thinking.
Harold R. McAlindon[51]

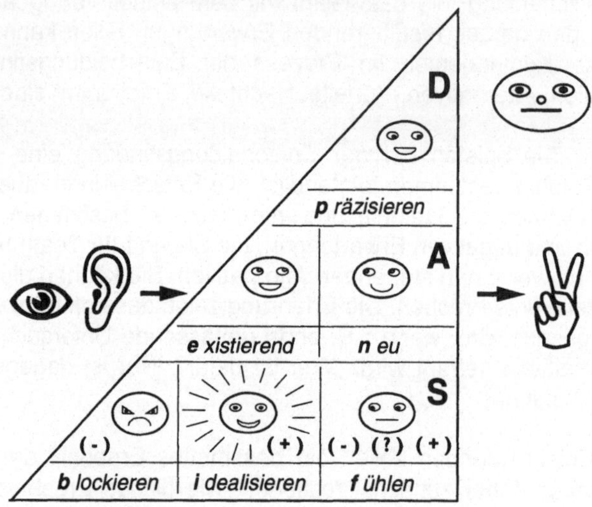

Abbildung 20: **DAS** 3-Ebenen Denken.

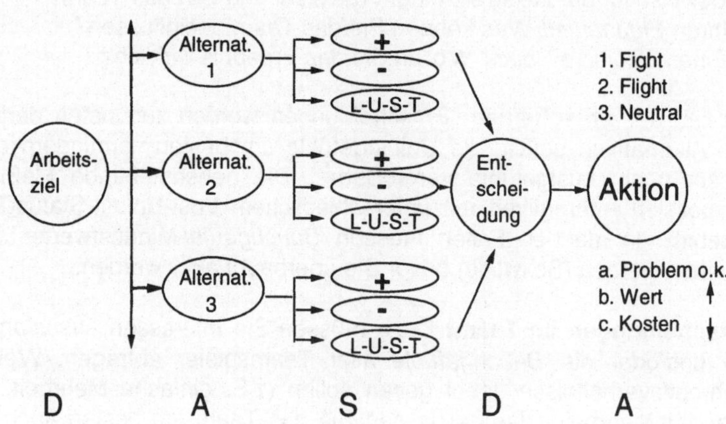

Abbildung 21: Drei Ebenen in einer Baumstruktur (S. 62-65).

---

[51] McAlindon H. R., 1989

Erst denken, dann handeln: So empfiehlt es der Volksmund. Aktionen, Re-Aktionen, Pro-Aktionen – am Ende jeder Teamdiskussion steht eine *Zusammenfassung* und eine Antwort auf die Frage: „Was sind unsere *nächsten* Schritte?" Es hat einen INPUT gegeben, nun wird gemeinsam nach dem OUTPUT gesucht. Zwischen beiden, also vor der Aktion, soll gedacht werden, um die Schlüsselrolle des Affekts[52] zu relativieren.

Orientiert denken: Denkrichtungen haben viele Namen – zielorientiert, ergebnisorientiert, an der Sache orientiert usw. Im Eifer von Diskussionen verlieren Teamspieler gelegentlich die Orientierung und beißen sich an Details fest. Deshalb ist es sinnvoll, bevor das eigentliche Arbeitsziel definiert wird, die Richtung, in der das Ziel liegen soll, vorzugeben, aufzuschreiben und zu hinterfragen. Fragen sind: „Wo ist der größte *Engpass?*" „Ist das wirklich *das* Problem oder die *gewünschte* Strategie?"

Teilprozesse des Denkens: A. F. OSBORN, der auch Gründer einer *Creative Education Foundation* war, hat den Prozess zur Findung und Bewertung von Alternativen in vier Teilprozesse zerlegt[53]:
1. den *Fokus*, „wide and narrow" (D, p),
2. die Ermittlung von *Fakten* und von bekannten Lösungen (e),
3. das Vorschlagen von Aktions-*Alternativen* (A, e, n),
4. die Bewertung der Aktions-Vorschläge sowie deren *Selektion* (S).

DAS drei Ebenen Denken: *Three Level Thinking* fasst die Teilprozesse 2 und 3 in der *Aktions-Ebene* zusammen und unterscheidet zwischen bereits (irgendwo) existierenden Lösungen und den noch neu zu generierenden Vorschlägen. Einige der *OVAL-KOPF Experten* werden hier, unter *einem* Denkprozess-Dach vereint, zu *DASDA* Experten.

Sechs Aspekte des Denkens: Die *Hüte* von Dr. de Bono (S. 67) führen zwei Schritte weiter. Das Hüte-Konzept enthält:
1. *Metaphern* für Teilprozesse des Denkens,
2. Wirkungsvolle *Spielregeln* für die Verwendung der Metaphern.
Die Metaphern sind inzwischen in vielen Kulturen akzeptiert. Sie bringen alle Teamspieler jeweils zur selben Zeit auf dieselbe, vom Team ausgewählte, *Wellenlänge* (Farbe).

Auf die fachlichen Aspekte konzentrieren: Durch *akzeptierte* Spielregeln und Methoden-Disziplin ist die Art der Vorgehensweise weitestgehend vorgegeben. Das beruhigt und beschleunigt jede Diskussion.

---

[52] Etzioni A. 1994, S. 435
[53] Osborn A. F., 1963, S. 48, 71, 92 (1. Auflage 1954)

13 Kommunikationsinhalte wahrnehmen

Most of the faults of thinking are faults of perception. Faults of logic are ...
... actually quite rare.
Edward de Bono

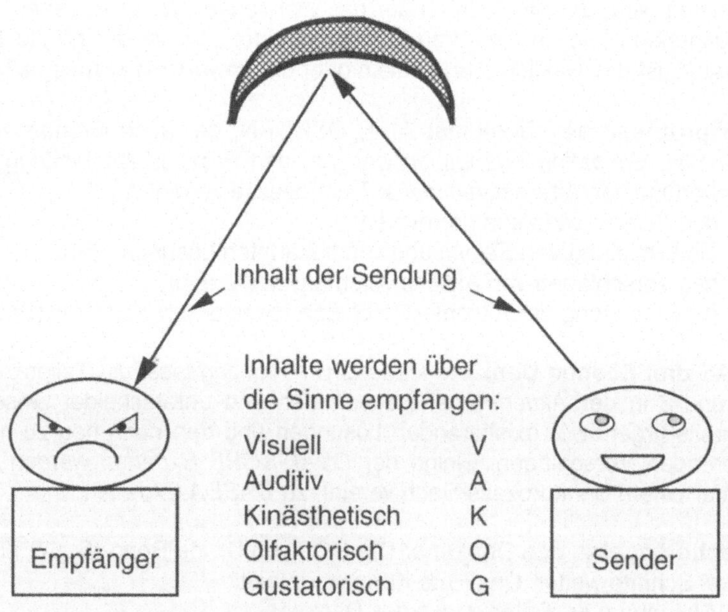

Abbildung 22: Der Sender übermittelt Informationen.

The Map is not the Territory: Die Landkarte ist nicht das Gebiet. Diese griffige Formulierung des amerikanischen Sprachphilosophen Alfred Korzybski[54] charakterisiert sehr schön die Aufgabe, die ein Team vor sich hat, wenn es ein Signal, einen Inhalt oder eine Botschaft empfängt. Es muss ein Mosaik anfertigen oder vervollständigen, eine Landkarte zeichnen oder ergänzen. Wir konstruieren uns damit ein Bild von der Realität, bewusst und unbewusst. Diese Konstruktion wird nicht voll der Realität entsprechen.

Wahrnehmungskanäle: Eine erste Hürde, die Informationen zu nehmen haben, sind unsere Wahrnehmungskanäle. Es sind *die fünf Sinne*, mit denen wir empfangen. Das NLP hat dafür die Abkürzung VAKOG vorgeschlagen. Manche dieser Kanäle werden wenig genutzt. Die meisten Personen empfangen vorwiegend visuell und auditiv.

Die Wahrnehmung auf den Kopf stellen: Eine zweite Hürde, die Kommunikationsinhalte überwinden müssen, sind die bereits vorhandenen *Strukturen in unserem Kopf*, die uns oft blockieren. Unter dem Stichwort *Filter* finden Sie dazu nachfolgend weitere Hinweise. Haben Sie auf Ihrem Schreibtisch ein Portrait Ihres Partners stehen? Stellen Sie dieses doch einmal *upside down* auf. Was stellen Sie fest? Sind Sie weiterhin in der Lage, die Person auf dem Bild spontan zu identifizieren, oder müssen Sie sich neu in dem Foto zurecht finden? Vielleicht sind Sie sehr überrascht darüber, wie leicht die *menschliche Wahrnehmung* sich verwirren lässt.

Den Nebelschleier lüften: Was kann man gegen *Empfangsstörungen* unternehmen? Ein erster Schritt, um in Ihrem Team realitätsnahe Bilder zu erstellen, ist die *Klassifizierung* der erhaltenen Informationen mit Hilfe eines **FOG**-Factors[55]. Hierbei ordnen Sie die Inhalte nach Fakten, Meinungen und Vermutungen (**F**acts, **O**ppinions, **G**uesses).

Unterschiede herausarbeiten: In einem zweiten Schritt können Sie Unterschiede zu Ihren bisherigen Vorstellungen herausarbeiten, um so die in Ihrem Kopf schon vorhandene Landkarte zu ergänzen oder zu korrigieren. Eine Matrix kann Ihnen dabei behilflich sein (S. 58-61).

Die Pilotinformation: Ihr Autoradio kann sehr präzise wahrnehmen, welche Art von Information gerade gesendet wird. Handelt es sich z.B. um Verkehrsinformationen, so erfährt es dieses über eine *Pilotinfor-*

---

[54] Korzybski A., 1958, (1. Auflage 1933)
[55] Straker D., 1997, S. 16

The brain can only see what it is prepared to see.
Edward de Bono[56]

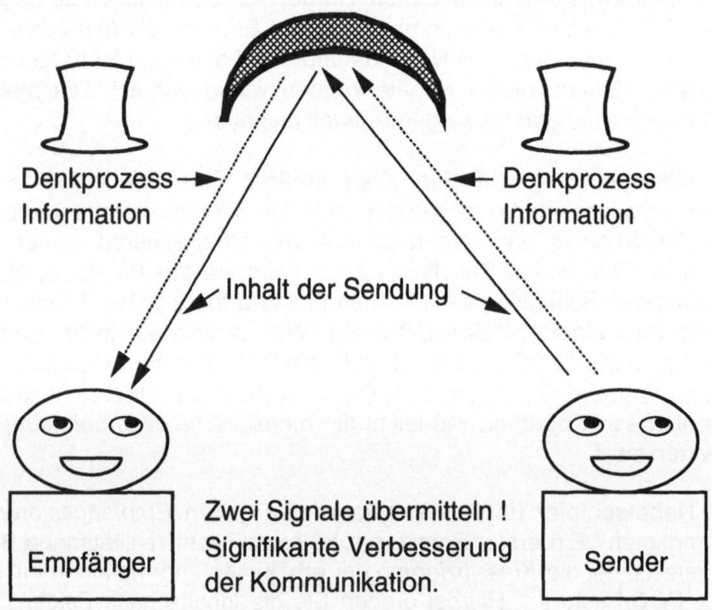

Abbildung 23: Pilotinformationen verbessern den Empfang.

---

[56] De Bono E., 1992

mation. Es kann sich dann wunschgemäß verhalten und automatisch die Lautstärke Ihres Radios verändern. In ähnlicher Form können Sie schon beim Versenden Ihrer Botschaft von vornherein zwei Signale übermitteln und dem Empfänger zu verstehen geben: „So meine ich das, was ich jetzt sage". Körpersprache (z.B. scharfer Tonfall, jemanden anschreien) hat die gleiche Wirkung. Auch die Augenstellung gibt Hinweise auf den Denkprozess (siehe Abbildungen 2 und 26).

Den Kommunikationsinhalten Farbe beimischen: Zur gefühlsbetonten Körpersprache gibt es neutrale Alternativen. Ein Team kann z.B. *Die sechs Hüte des Denkens* (S. 67) zur *Markierung* verwenden. Farbige Hüte übermitteln dabei die Denkstrategie. Empfänger der Botschaft können dann mit Hilfe der vereinbarten Codierungen den Inhalt umgehend einordnen und die Verständigung kann schnell erfolgen. Das zahlt sich insbesondere in interdisziplinären und multikulturellen Gruppen aus.

Automatische Filterung von Informationen: Die von den Sinnesorganen gelieferten Daten werden im Gehirn in ein System gegeben, das die Zuordnung dieses *Inputs* selbst organisiert[57]. Oft hat man aber noch verschiedene Filter, meist unbewusst, davor geschaltet. Totalitäre Staaten haben Zensoren, die es nicht erlauben, dass alle verfügbaren Informationen weitergegeben werden. Unsere Psyche spielt in der Regel ein Spiel mit uns, das dem Verhalten eines Zensors nicht unähnlich ist. Sie lässt bestimmte Inhalte einer Kommunikation einfach nicht passieren. So wird schon durch unsere Vor-Urteile die Menge der gelieferten Daten, die Zugang zur Verarbeitung im Gehirn erhält, vor-sortiert und reduziert.

Der unvollständige Denkprozess: Beim Computer haben wir gelernt, dass er nur das verarbeiten kann, was ihm eingegeben wird. Wenn wir unvollständige Informationen hineingeben, bekommen wir keine optimalen Ergebnisse. Beim Denkprozess vergessen wir diese Tatsache gerne und glauben, beste Ergebnisse in unseren Denkprozessen zu produzieren. Wir nehmen nicht wahr, dass unser Biocomputer unvollständig informiert wurde. Viele *Bits & Pieces* fehlen gelegentlich. Das Team darf dann nicht überrascht sein, wenn trotz logischer Denkschritte Aktionen wenig Effizienz zeigen. Wie können wir dieser Falle entgehen?

Datensätze komplettieren: Zielgerichtete Fragen und Pilotinformationen können die Datensätze vervollständigen. Auch eine bewusste Erprobung neuer Sichtweisen und die Diskussion mehrerer Zielalternativen (S. 56/57) bringen unseren Denkprozess in eine optimale *Startposition*.

---

[57] De Bono E., 1969

14 Neue Sichtweisen erproben

Wenn Sie immer das tun, was Sie schon immer getan haben, werden Sie
auch immer das bekommen, was Sie schon immer bekommen haben.
Aus dem NLP

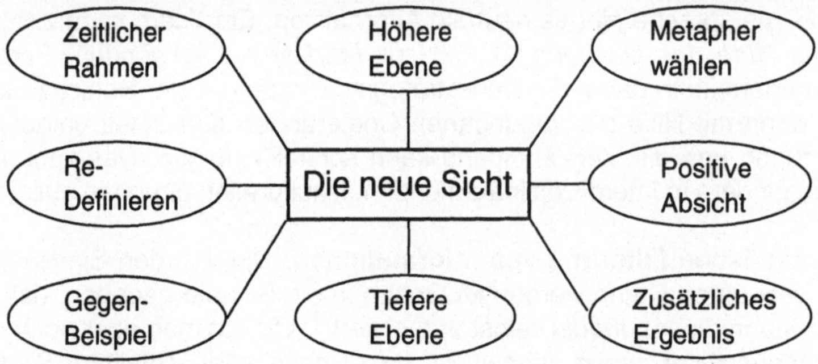

Abbildung 24: Geben Sie Informationen *Neue Rahmen* (Reframing).

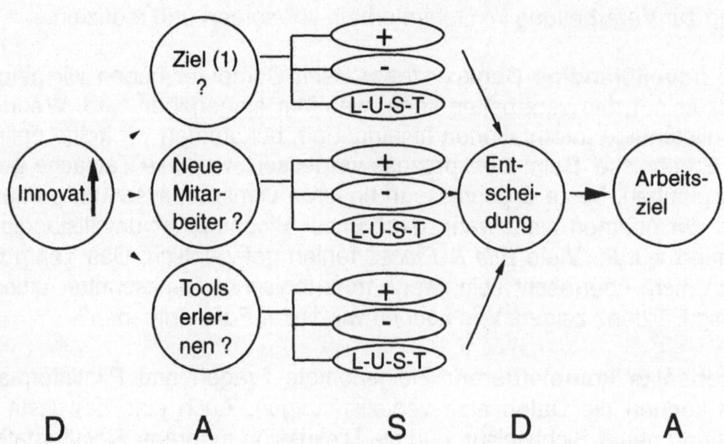

Abbildung 25: Die Baumstruktur (S. 62-65) für *alternative* Arbeitsziele.

Wahrnehmung ist nicht genug: Wenn Sie sicher sind, dass alle im Team optimal wahrgenommen haben, können Sie die Inhalte interpretieren. Dazu bietet sich das aus dem NLP bekannte *Refraiming*[58] an. Sie geben dabei den empfangenen Informationen versuchsweise *Neue Rahmen*. Danach präzisieren Sie alternative Arbeitsziele.

Den neuen Rahmen vorbereiten: Nehmen wir an, die Richtung in der ein Team Aktionen vorschlagen soll, heißt „Innovationen beschleunigen". Als Einstieg analysiert das Team z.B. eine *umfassende* Untersuchung über Erfolgsfaktoren[59]. Dort wird über **Kreativtechniken** auf Seite 24 gesagt, dass sie „*nicht* in den Kreis der *wichtigen* Erfolgsfaktoren" einbezogen werden konnten. Wenn wir jetzt das tun, was viele tun, könnten wir uns sagen, dass dies unsere *Annahmen* mal wieder bestätigt!
Also: Keinen weiteren Gedanken daran verschwenden.

Re-Definieren: Wir könnten aber auch versuchsweise neu definieren, z.B. dass *Kreativtechniken* die **Garantie für die Beschleunigung von Innovationen für jedes Team** sind. Dann sind wir offen für Hinweise, die diese These unterstützen. Unsere Denkrichtung verändert sich.

Der Umkehrschluss als Initialzündung: Wenn wir mit dieser Offenheit wieder an das Thema *Kreativtechniken* heran gehen, finden wir den Beweis für unsere Hypothese schon in derselben Untersuchung, wo es auf Seite 24 *auch* heißt „Starke Innovatoren haben sie (die Techniken, Anm.) meist in der Hinterhand, wenn ein Team sich festgefahren hat". **Toll!** Da steht es! Das ist einer der Unterschiede, von dem wir beim *Modelling* gesprochen haben, den Teamstars durchschnittlichen Teamarbeitern voraus haben: Wenn man fest steckt, dann helfen *Kreativtechniken*! Was wollen wir mehr? Das ist doch unser Problem, dass wir oft gerade dann blockiert sind, wenn wir Ideen dringend benötigen.

Kreativität durch Tools freisetzen: Weitere Unterstützung für unsere provokative These finden wir in *Applied Imagination*[60]. Dort steht als Ergebnis einer Untersuchung, die gemeinsam mit General Electric durchgeführt wurde: „Those who had taken courses (in der Anwendung von Kreativtechniken) were able to average 94% better in production of good ideas than those without the benefit of such a course."

Team Excellence: Halten wir fest. Kreativtechniken können wichtige Excellence Beschleuniger sein, für *jedes* Team!

---

[58] O'Connor J., Seymour, J., 1993, S. 126
[59] Berth R., 1997
[60] Osborn A. F.,1963, S. 83

15 Differenzieren und kombinieren

Wissen ohne Ordnung ist wie Hausrat auf einem Leiterwagen.
Konrad Lorenz

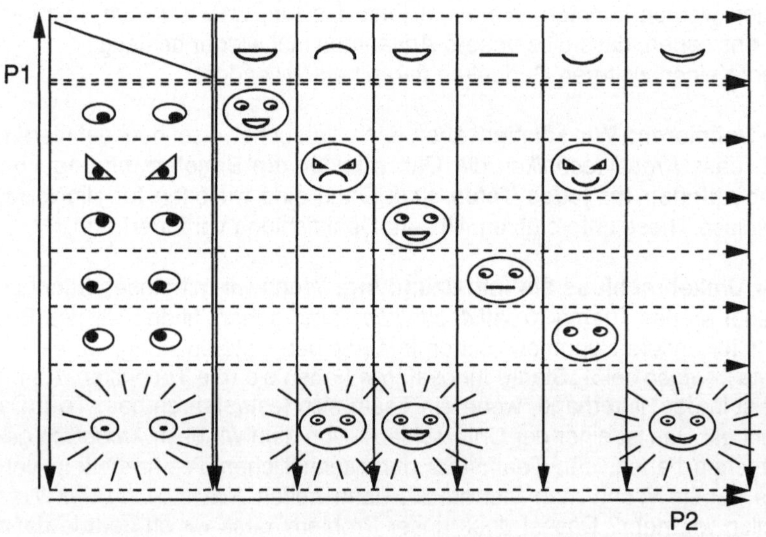

Abbildung 26: Die *Augenstellung* gibt Hinweise darauf,
in welchem Bereich des Denkens
sich jemand aufhält[61].

---

[61] O`Connor J., Seymour J., 1993, S. 36

Einordnen: Ordnung ist die halbe Lösung, so möchte ich in Anlehnung an den Volksmund formulieren. Wenn Sie in Ihrem Team mit den Methoden der Wahrnehmungsprüfung und des *Refraiming* Ihrem Arbeitsziel nicht näher gekommen sind, können Sie den Problembereich in kleinere Einheiten aufteilen (chunking) und diese ein- und zuordnen. Dazu bieten sich Matrix- und Baum-Struktur (S. 62-65) an.

Die Matrix: Wie ein Gewebe, z.B. Leinen, aus senkrecht und rechtwinklig dazu verlaufenden *Fäden* gewebt ist, so besteht die zweidimensionale Matrix aus *Parametern* (P).

Parameter: Durch Wahl der Parameter kann ein Team viele Matrix-Varianten erzeugen, in denen differenziert und neu kombiniert werden kann. Die Parameter lassen sich unterteilen in Ausprägungen, wie in Abbildung 26 am Beispiel der *OVAL-KOPF Experten* gezeigt wird. Weitere Beispiele für Parameter und deren Unterteilung finden Sie nachfolgend.

Morphologische Matrix: Diese wurde von F. ZWICKY[62] entwickelt. Das Prinzip ist einfach: Innerhalb einer Matrix wird nach bestimmten Prinzipien Ordnung hergestellt. Komponenten der möglichen Lösung werden als Parameter gewählt und in verschiedenen Ausprägungen dargestellt. Aus diesen Ausprägungen lassen sich dann alternative *Gesamtlösungen* für eine Aufgabe darstellen.

Bewertungs-Matrix: Durch diese Matrix-Form vergleichen Sie drei Lösungen miteinander hinsichtlich ihrer *relativen* Vor- und Nachteile. Verglichen wird mit der aktuellen Version. Bewertet werden z.B. Risiken und Chancen im Hinblick auf die Anforderungen. Diese werden durch „besser als … „ oder „schlechter als …“ charakterisiert.

Differenzierungs-Matrix: Differenzierungen sind hilfreich, wenn z.B. zwei Produkte oder Dienstleistungen miteinander verglichen werden, oder wenn Sie wissen wollen, was am Patent des Wettbewerbers neu ist. Hier bietet es sich an, nach Funktionen (S. 63) vorzugehen.

Differenzierungen bei einer Fehlersuche: Wenn plötzlich in einem System Probleme auftauchen, ist etwas verändert worden. Der Vergleich der Situation vor dem Auftreten des Problems mit dem Zustand nach dem Auftreten des Problems kann in einfacher Weise mit Hilfe einer Matrix systematisiert und so der Fehler schneller gefunden werden.

---

[62] Zwicky F., 1971

| Bewertung | Risiken / Chancen | | | | | | Beste Wahl |
| | Schlechter | | | 0 | Besser | | |
Kriterien	- 3	- 2	- 1	+ 1	+ 2	+ 3	
1. Zweck			△		□		□
2. Ästhetik			□			△	△
3. Energie		□	△				0
4. Umwelt				□			△
5. Fertigung				△□			△□

0 Alternative 0   □ Alternative 1   △ Alternative 2

Abbildung 27: Die Bewertungs-Matrix.

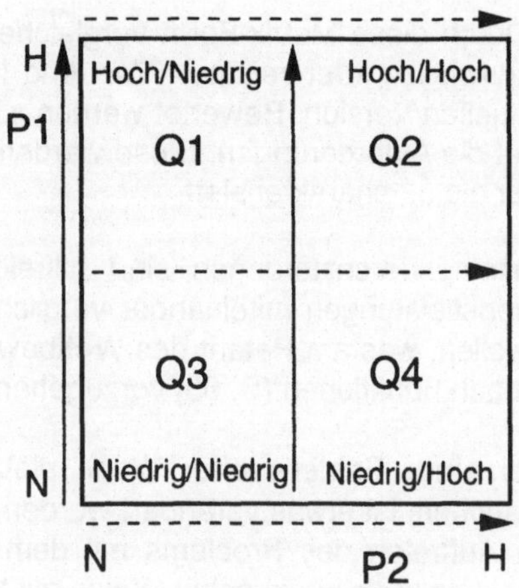

Abbildung 28: Vier Quadranten erzeugen.

Beispiele für P1 und P2: Mit der Unterteilung von P1 und P2, wie in Abbildung 28, ergeben sich für die Auswertung vier Quadranten. Diese lassen sich nutzen, um Strategien und Prioritäten festzulegen. Eine Unterteilung *niedrig, mittel, hoch* (neun Felder) erlaubt verfeinerte Kombinationen.

Creativity and innovation excellence matrix[63]:
- P1 → Grad der Kreativität
- P2 → Grad der Innovation
- Q1 → Extravaganz
- Q2 → Gewinner (Ziel für Investitionen)
- Q3 → Verlierer
- Q4 → Imitator

Einordnung von Aufgaben:
- P1 → Wichtigkeit
- P2 → Zeitaufwand
- Q1 → 1. Priorität
- Q2 → 2. Priorität
- Q3 → Zwischen andere Aufgaben einschieben
- Q4 → 4. Priorität

Einordnung von Ideen:
- P1 → Attraktivität einer Idee für Markt und Unternehmen
- P2 → Kosten der Entwicklung und Umsetzung
- Q1 → 1. Priorität
- Q2 → 2. Priorität
- Q3 → Vermeiden
- Q4 → Vermeiden

Ein weiteres Beispiel für die Ideen-Einordnung finden Sie auf S. 84/85.

Team Parameter[64]:
- P1 → Feelgood Factor
- P2 → Begeisterung für kollektive Tools
- Q1 → Moderator sinnvoll
- Q2 → Exzellentes autonomes Team
- Q3 → Autokratischer Leiter erforderlich
- Q4 → Patriarchalischer Leiter zweckmäßig

---

[63] Nach Majaro S., 1992, S. 9 (Q1 – Q9)
[64] Vgl. dazu auch Blake R. R., Adams McCanse A., 1995

16 Hierarchisch einordnen und ergänzen

Chance favours the prepaired mind.
Louis Pasteur

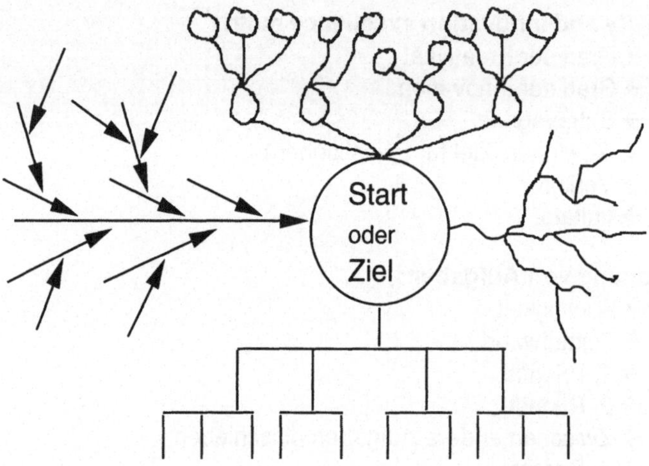

Abbildung 29: Baumstrukturen *ordnen hierarchisch*.

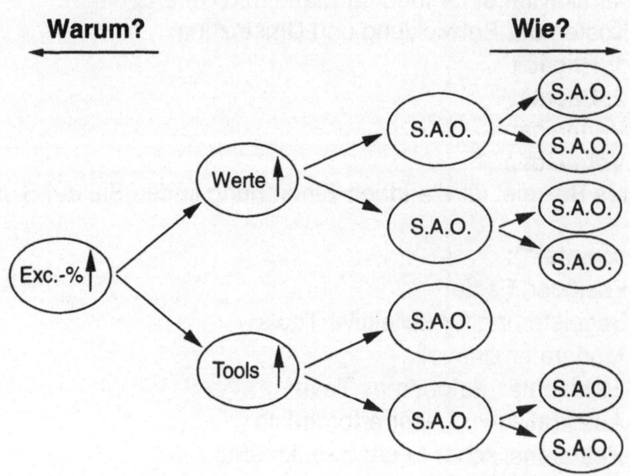

Abbildung 30: *Alternativen* zur Steigerung der Excellence generieren.

Baumstrukturen: Als Familienstammbäume sind sie uns seit langem bekannt. Dort sind sie *das* Hilfsmittel, mit dem wir Übersichtlichkeit in komplizierte Zusammenhänge bringen. Es gibt verschiedene Formen. Alle lassen sich in der Teamarbeit sinnvoll einsetzen.

Gemeinsamkeiten: Innerhalb einer Baumstruktur wird hierarchisch gegliedert. Man startet entweder bei einem übergeordneten Begriff und bewegt sich zu *untergeordneten* Einheiten oder man beginnt auf einer untergeordneten Ebene und bearbeitet danach den *übergeordneten* Bereich.

Unterschiede: In der Literatur können Sie im wesentlichen fünf verschiedene Formen der Verzweigung finden.
1. Start→(Top→)Down (z.B. als *Organigramm*),
2. Start→(Bottom→)Up (z.B. als *Entscheidungsbaum*),
3. Start→rechts (z.B. als *Funktionsbaum* in der Wertanalyse),
4. links→Ziel (z.B. von der *Ursache* zur *Wirkung*),
5. rund um Start/Ziel gruppiert (z.B. das *Mapping*).

Funktionen: Verbesserte Transparenz in der Darstellung erhalten Sie, wenn Ihr Team komplexe Systeme in Funktionen zerlegt und Funktionsmodelle erstellt. Diejenigen, die in der Zeit des Reengineering groß geworden sind, werden das vielleicht als Rückschritt abtun, haben sie doch gelernt, dass Prozessdenken das Denken in Funktionen ersetzen soll. Wenn hier von Funktionen die Rede ist, dann im Sinne von LARRY MILES, dem Schöpfer der Wertanalyse (heute auch: Value Engineering), der Mitte der 40er Jahre Funktionen als das definiert hat, was Produkte zu leisten haben. Übertragen lässt sich diese Art des Denkens auch auf Prozesse, Teilprozesse, Erbringer von Dienstleistungen und damit auch auf Teams. Formalisiert ist diese Vorgehensweise durch die Buchstaben **S.A.O.**, **S**ubjekt nimmt eine **A**ktion an einem **O**bjekt vor und erzielt damit ein Ergebnis (z.B. Teammitglied lernt die Anwendung von Tools).

Der Funktionsbaum: Ein wirkungsvoller Ansatz, Ordnung in die Problembearbeitung zu bringen, ist die *Warum?/Wie?* Baumstruktur. Bei der Frage *Warum?* gelangen Sie vom speziellen Teil (d.h. von rechts) zum generellen Zweck (d.h. nach links). „*Warum* macht ein Prozess etwas?" und umgekehrt „*Wie* macht ein Prozess etwas?" Dann erhalten Sie meist eine Aufzählung, die durch die entsprechende Anzahl von Ästen dargestellt wird. Mit dem *Warum?* kommen Sie systematisch Stufe für Stufe z.B. zu den Gründen Ihres Handelns, mit dem *Wie?* systematisch zur den Möglichkeiten, wie Sie ein Problem lösen können.

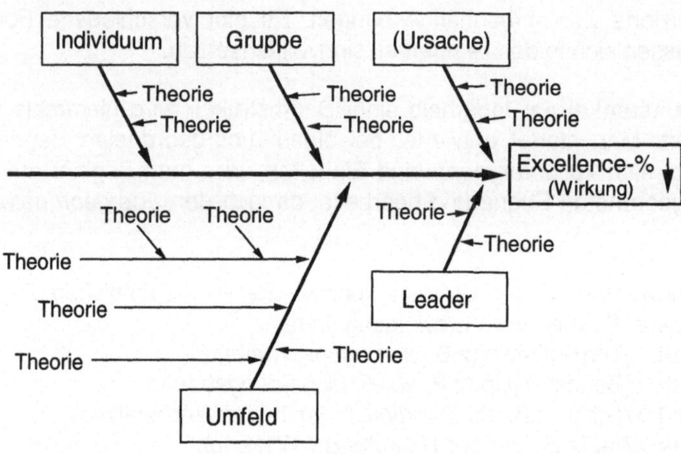

Abbildung 31: Ursachen für den *Verlust* an Excellence ermitteln.

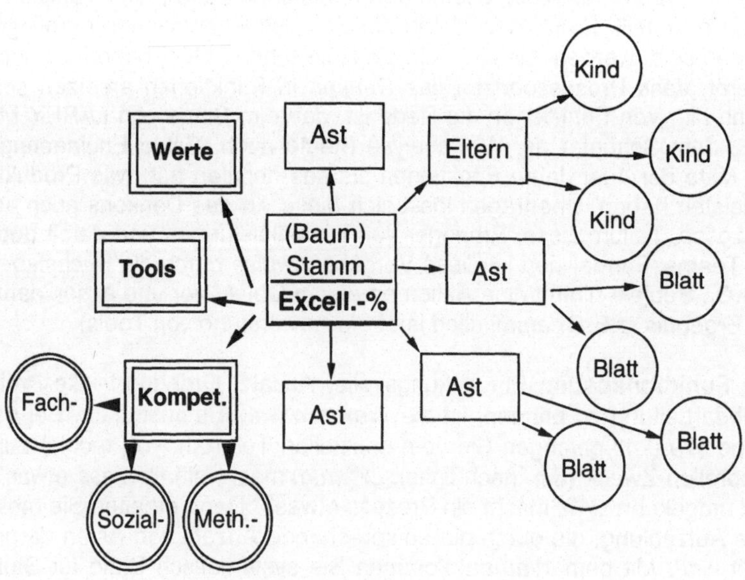

Abbildung 32: Team Excellence *ganzheitlich* betrachten.

Das Fischgräten-Diagramm: Diese Struktur erlaubt Ihnen, in einfacher und logischer Weise ein Problem in die Hauptbestandteile zu zerlegen und mögliche Ursachen aufzulisten. Theorien für die Ursachen kann ein Team dann mit Hilfe des *3-Ebenen Konzepts* (S. 50) selektieren.

Der Entscheidungsbaum: Mit der nächsten Version des Grundprinzips *Baumstruktur* können Sie Gewichtungen, Eintrittswahrscheinlichkeiten und Prioritäten festlegen. Das hilft z.B. bei Entscheidungen darüber, welche Aktion zur Verbesserung der *Team Performance* mit Nachdruck durchgeführt werden muss.

Die natürliche Baumstruktur: Die Hierarchieebenen in Abbildung 32 entsprechen weitgehend der natürlichen Baumform. Wenn Sie einen Laubbaum von oben betrachten, erhalten Sie prinzipiell diese Struktur mit Stamm, Ästen, Zweigen und Blättern. Sie kennen dieses Gebilde vermutlich unter dem Namen *Map* (Landkarte).

Baumstrukturen ermöglichen Lösungen: Wenn Sie eine Lösung zu einem Problem haben und nach dem Konzept *hinter* dieser Lösung fragen, bewegen Sie sich von einer *unteren* Hierarchieebene auf eine *höhere* Ebene. Basierend auf dem gefundenen Konzept lassen sich dann weitere Lösungen ermitteln. EDWARD DE BONO verwendet diese Vorgehensweise für Konzeptfächer[65]. Patentanwälte verwenden das Konzeptprinzip, wenn sie bei einer patentfähigen Idee ein breites Spektrum an ähnlichen Ideen ebenfalls geschützt wissen wollen. Konzepte zur grundsätzlichen Anregung *Ihrer* Kreativität finden Sie fast überall.

Auch den *Landkarten für das Gehirn* (bzw. für den Verstand) von TONY BUZAN[66] ist dieses Prinzip immanent. Deshalb werden sie auch als Kreativitätshilfen bezeichnet. Ihre Hauptaufgabe liegt jedoch darin, zu strukturieren und Gedächtnisstütze zu sein, da „ein geschultes Gehirn sich ausschließlich auf bildliche Vorstellungen stützt"[67].

Erinnerungshilfen für das Gehirn: Das Kernproblem der Erinnerung kann auch TONY BUZAN Ihnen mit noch so farbigen und kurvenreichen Darstellungen nicht abnehmen. Als normal begabtes Teammitglied müssen Sie nämlich Ihr inneres Auge, Ihre *visuelle* Vorstellungskraft schulen, wenn Sie gut werden wollen. Wenn Sie trainiert sind, können Sie auch andere bildliche Vorstellungen wählen, um Ihr Super-Gedächtnis unter Beweis zu stellen, z.B. die *Graphiken* dieses Buches.

---

[65] De Bono E., 1992, S. 130
[66] Buzan T., 1995 (1. Auflage 1974)
[67] Lorayne H., 1957, S. 47

17 Hinterfragen, verbessern und verändern

Die Probleme, die es in der Welt gibt, können nicht
mit den gleichen Denkweisen gelöst werden, die sie erzeugt haben.
Albert Einstein

Abbildung 33: Die *OVAL-KOPF Experten* tragen den *gleichen* Hut.

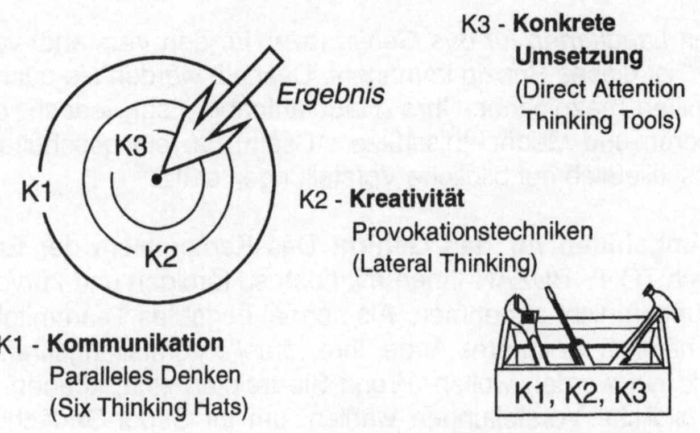

Abbildung 34: *Jeder* muss den Gebrauch von Tools *erlernen*.

Who is who? „Nennt man die kontinuierliche Verbesserung der Qualität einer Leistung nun **TQM** oder **KVP**?" Mancher Laie wird sich diese Frage stellen, insbesondere dann, wenn er erfährt, dass es dazu noch einen *echten* kontinuierlichen Verbesserungsprozess gibt[68]. Lassen Sie uns zur Beantwortung dieser Frage das Konzept hinter allen Philosophien der kontinuierlichen Verbesserung betrachten. Dieses ist spätestens seit den 40er Jahren bekannt, als LARRY MILES Lösungen *in Frage gestellt* und nach *besseren* Lösungen gesucht hat. Das Konzept lässt sich durch wenige Fragen charakterisieren:

1. Warum ist *ETWAS* eigentlich so, wie *ES* ist?
2. Treffen die gemachten Annahmen (noch) zu, oder gibt es Alternativen zu Annahmen und Lösungen? Was würde passieren, wenn...?

De Bono Tools for Excellence: EDWARD DE BONO setzt hier an. Er hat Denkinstrumente entwickelt, die zunächst einmal Vorhandenes in Frage stellen (challenge assumptions). Seine Techniken sollen aber nicht nur Verbesserungen bestehender Produkte und Prozesse bringen, sondern irgendwann muss ein Denkschritt *seitwärts* (lateral) erfolgen, damit etwas Neues vorgeschlagen wird und Innovationen realisiert werden können. Die de Bono Tools werden nachfolgend kurz beschrieben.

Six Thinking Hats[69]: Hüte in *weiß* (Information), *rot* (Gefühle), *schwarz* (Vorsicht), *gelb* (Vorteile), *grün* (Kreativität) und *blau* (Steuerung des Denkens) symbolisieren unterschiedliche Aspekte im Denkprozess. Ein **Seminar** kann Ihnen die **Spielregeln** vermitteln. Bei regelmäßiger Anwendung in der Praxis werden Sie feststellen, dass Sie *parallel* denken können (incl. 3rd position), und Sie werden dabei überraschende Einsichten insbesondere in *Ihre* Kommunikations*gewohnheiten* gewinnen.

Lateral Thinking[70]: Provozierende und scheinbar unlogische Methoden werden hier zur Verfügung gestellt, um *quer* zu denken. Mit ihnen ist es möglich, neue Ideen bei Bedarf zu produzieren.

DATT (Direct Attention Thinking)[71]: DATT gibt Ihnen 10 einfache Denkstrategien, die *Ihre* Denkschritte vervollständigen.

Weitere Informationen: Diese finden Sie in den Büchern von EDWARD DE BONO oder im Internet[72] [73].

---

[68] Tominaga M., 1997
[69] De Bono E., 1985
[70] De Bono E., 1990, (1. Auflage 1970)
[71] www.aptt.com
[72] www.TeamExcellence.de
[73] www.f-k-d.net

18 Wissen in Innovationen verwandeln

Wissen wird zum wichtigsten Rohstoff der Zukunft.
Alfred Zänker[74]

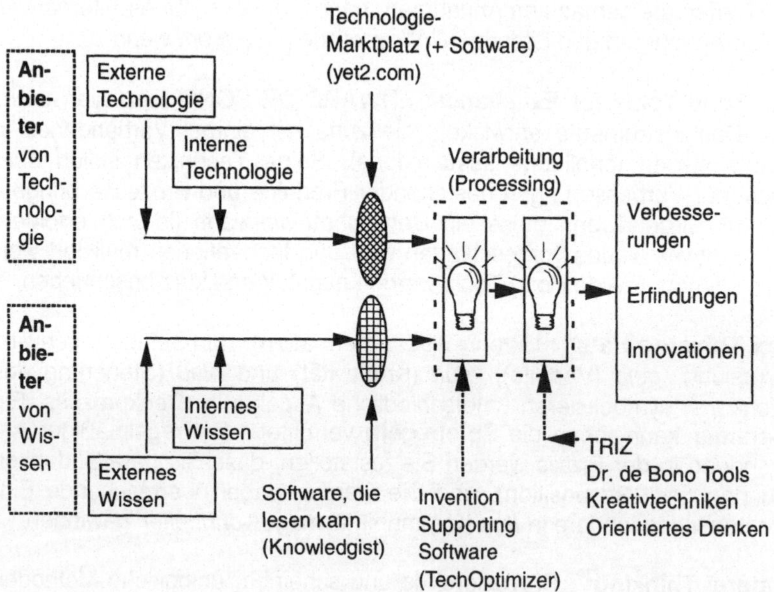

Abbildung 35: Knowledge Search & Knowledge Management.

---

[74] DIE WELT, 20.5.98

Um Ziele zu erreichen, nutzen Teams zunächst das *im Team vorhandene* Wissen. Wenn darüber hinaus zusätzliche Wissensquellen (Ressourcen) bekannt sind und genutzt werden, wird die Effizienz verbessert und ein hoher Grad an Excellence kann beschleunigt realisiert werden.

Datenbanken: Wissen der verschiedensten Art können Sie heute aus den weltweiten Datennetzen beschaffen. Wenn Sie den passenden Suchbegriff eingeben, können Sie schnell am Ziel sein.

Anbieter von Wissen: Mit Suchbegriffen gibt es allerdings manchmal Probleme, da die angesteuerte Datenbank vielleicht gerade Ihr Suchwort nicht gespeichert hat, weil die Themenschwerpunkte in dieser Datenbank anderer Natur sind. Trotzdem ist es für Sie wichtig zu wissen, ob Ihre Idee vielleicht schon einmal veröffentlicht wurde, oder ob eine *naheliegende Idee* in einem anderen Zusammenhang existiert.

***Solutions* suchen**: Hier setzen Programme an, wie diese zum Beispiel von *Invention-Machine*[75], Inc., USA, entwickelt wurden. Diese Software (*Knowledgist*) kann Texte semantisch durcharbeiten, also quasi lesen. Anwender sind damit nicht mehr auf festgelegte *Stichworte* angewiesen. Der Software wird das *Problem übergeben*, z.B. Reibung vermindern (**O. A.**), und präsentiert alle gefundenen Lösungen, d.h. Subjekte (**S.**), durch die Reibung vermindert wurde. Die gefundenen Textstellen werden hierarchisch geordnet dem Team zur Verfügung gestellt.

Anbieter von Technologien: Manchmal kann es z.B. für ein Entwicklungsteam sinnvoll sein, Lösungen zuzukaufen, anstatt selbst zu entwickeln. Technologien werden heute auf sogenannten Technologie- Marktplätzen angeboten. Beispiel dafür ist *yet2.com*[76], ein Unternehmen, das sich auf die Organisation von Technologie-Transfer spezialisiert hat. Mit einer speziellen Suchsoftware werden die Wünsche von Technologie Suchenden mit den Angeboten der Technologie Anbieter verglichen mit dem Ziel, weitgehend passende Technologien als Basis für Verhandlungen herauszufinden und potenzielle Partner zusammen zu führen.

Weiterentwicklungen: Die Erfahrung zeigt, dass Firmen vorwiegend *Spin-offs* anbieten, also Entwicklungen, die im eigenen Hause nicht genutzt, aber in anderen Unternehmen gern in Lizenz weiterentwickelt werden (Time to Market Speed-up). Fazit: Semantisch arbeitende *Such*software und Technologie *Anbieter* machen Teams effizienter.

---

[75] www.invention-machine.com
[76] www.yet2.com

Imagination is more important than knowledge.
Albert Einstein

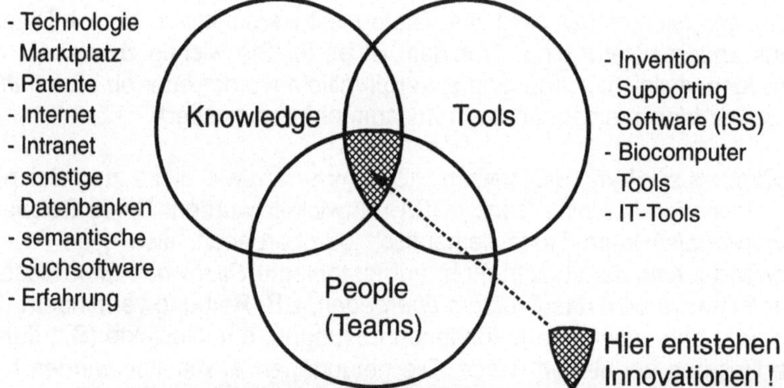

Abbildung 36: *Drei* Komponenten führen zu Innovationen.

Innovationen: Basis sind *neue* Ideen, die er-zeugt oder ge-funden (er-funden) werden müssen. Durch Realisierung werden *neue* Ideen zu Innovationen. Wissen gewinnt bei diesem Erzeugungsprozess gegenüber der „Imagination" zunehmend an Bedeutung. Das nebenstehende Zitat von Einstein muss deshalb ergänzt werden durch: „... knowledge can be more powerful, when creatively applied"[77].

Erfinden: Der Prozess des Erarbeitens neuer Ideen wird zunehmend automatisiert. Dazu war es notwendig, Gesetzmäßigkeiten des Erfindungsprozesses zu erkennen. Ein Pionier auf diesem Gebiet war G.S. Altschuller. Mit seinem Team hat er in der UdSSR seit den 50er Jahren viele tausend Patente analysiert. Entwickelt wurde dabei eine *Theorie zur Lösung von Erfindungsaufgaben*, genannt TRIZ.

Software hilft beim Erfinden: TRIZ ist Grundlage für eine Software, die von der Firma *Invention-Machine, Inc.*[78] unter der Bezeichnung *TechOptimizer* vertrieben wird und einen großen Schritt in Richtung *automatisierter Erfindungsprozess* darstellt.

Lösungen, die auf Wissen basieren: *TechOptimizer* enthält derzeit über 7.500 wissenschaftliche und technische Effekte und Beispiele aus allen Bereichen von Technik, Physik und Chemie. Das Programm führt ein Team, das nach neuen intelligenten technischen Lösungen sucht, Schritt für Schritt durch viele mögliche Lösungsansätze. Es führt u.a. Effekte vor, die dann vom Team z.B. als Konzept aufgenommen und für die aktuelle Situation kreativ, also mit *Lateralem Denken* (Querdenken), verändert und weiterbearbeitet werden können.

Die Wissensbasis: In regelmäßigen Abständen kann der User von *Invention-Machine* über Internet Updates bekommen, die dann die Wissensbasis erweitern. Es ist aber auch zu empfehlen, *eigene* Patente oder Wettbewerbspatente *funktionsorientiert* in der Datenbank des *TechOptimizer* abzulegen. Sie erscheinen dann, sobald jemand für die entsprechende Funktion nach Lösungen recherchiert.

Entwicklungsteams: *TechOptimizer* stellt für Teams im übertragenen Sinne zusätzliche Experten aus anderen Disziplinen zur Verfügung, die bereitwillig und ohne Einschränkung ihr Wissen zur Verfügung stellen. Jede Gruppe, die vor technischen Herausforderungen steht, kann mit dieser Hilfe systematisch und zielgerichtet Lösungen erarbeiten.

---

[77] Osborn A. F., 1963, Seite 1
[78] www.invention-machine.com

19 Team Ergebnisse optimieren

Man muss ins Gelingen verliebt sein, nicht ins Scheitern.
Ernst Bloch

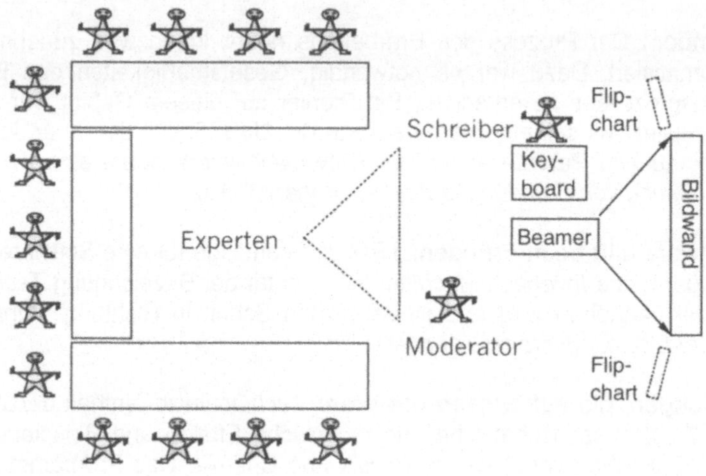

Abbildung 37: Die *OVAL-KOPF Experten* bei der Teamarbeit.

Abbildung 38: Mit *Denkwerkzeugen* Hindernisse überwinden.

Kooperation: „Wir sollten kooperieren", sagt das Huhn zum Schwein, „und Ham & Eggs produzieren." „Ich weiß` nicht", entgegnet das Schwein nachdenklich, „meistens geht bei Kooperationen einer drauf." Wenn Sie bis hierher vorgedrungen sind, sollten Sie eigentlich vom Gegenteil überzeugt sein und diese *Dog eats Dog* Philosophie begraben haben. Dieser Abschnitt gibt weitere Hinweise, wie Sie kooperativ *schnell* zu Ergebnissen gelangen.

Moderation: Im Mittelpunkt der Koordination von Teamveranstaltungen stehen heute noch überwiegend Overhead Projektor, Flipchart und Kärtchenmethode. Ausgearbeitete Vorlagen werden dagegen schon weitgehend mit *Beamer* präsentiert. Die vorgestellten Methoden und Tools erlauben Ihnen, Meetings in Zukunft vollständig mit *Beamer-Unterstützung* durchzuführen. Auf Moderationskärtchen können Sie *ganz* verzichten. Flipcharts benötigen Sie *gelegentlich* für erste Skizzen.

Total Beaming: Bei dieser Art der Moderation verbinden Sie die Vorteile der strukturierenden Denkwerkzeuge mit den Möglichkeiten von Standard Computer Software. Für die Durchführung eines Results-Workshops oder einer Besprechung benötigen Sie einen Beamer, der heute in vielen Besprechungsräumen schon zur Standardausrüstung gehört. Mit den *Sechs Hüten des Denkens*, zum Beispiel, können Sie die Art der jeweiligen Denkoperation einschließlich des *Brainstorming*s markieren. Die Ergebnisse werden dann in *Files* abgelegt. Durch die Möglichkeiten der heutigen Schreibprogramme können Sie die Resultate der Denkoperationen einfügen, wo immer Sie möchten. Damit behält *Ihr* Team den aktuellen Stand der Arbeiten verfügbar. Am Ende steht das Protokoll, das allen Beteiligten *sofort* ausgehändigt oder per e-mail zugesandt wird. Ein wirkungsvolles *Speed-up* ist gelungen.

Ein Beispiel aus dem Alltag der Normung: Am Dienstag, dem 13.03.2001, traf sich in London bei der dortigen Standard-Organisation (BSI) ein Projektteam für die Normung von Verpackungen. Die 10 Teilnehmer kamen aus 6 europäischen Ländern. Aufgabe war es, einen europäischen Normen-Entwurf zu überarbeiten. Die Gruppe traf sich um 10 Uhr morgens, um 16 Uhr ging sie auseinander, und jeder in der Gruppe hatte das Gefühl: Das war außergewöhnlich. Wir haben in kurzer Zeit bei komplexer Thematik ein exzellentes Ergebnis erzielt. Wie wurde das erreicht? Mit dem *Total Beaming*: Beamer + Schreibprogramm + fachlicher Input + *Sechs Hüte*, die einer der Teilnehmer konsequent anwendete.

Fazit: Viele Kommunikations-Prozesse in der Teamarbeit lassen sich mit relativ einfachen Mitteln stark beschleunigen und bringen Effizienz.

Tools: Lessons learned

Dieses Kapitel hat folgendes gezeigt:

- Unser Handeln wird von *Gefühlen* bestimmt.

- *Erwartungen* bestimmen unsere Gefühle.

- *Informationen* bestimmen die positiven oder negativen Erwartungen.

- Durch Überprüfung und Ergänzung der *Wahrnehmung* wird das Bild der Realität präziser.

- *Denkwerkzeuge* und Computer Tools helfen, Wissen in Innovationen zu verwandeln und Team Ergebnisse zu optimieren.

INNO **V** ATION

Neue Ideen   umsetzen

K REA **T** IVITÄT

Wissen, Werkzeuge & Fertigkeiten

Praxis

There is only one way to have a successful company ...
... to have a lot of happy, satisfied customers!

Harold R. McAlindon[79]

---

[79] McAlindon H. 1989

20 Fokussiert Potenziale erschließen[80]

Nicht wollen ist der Grund, nicht können nur der Vorwand.
Seneca

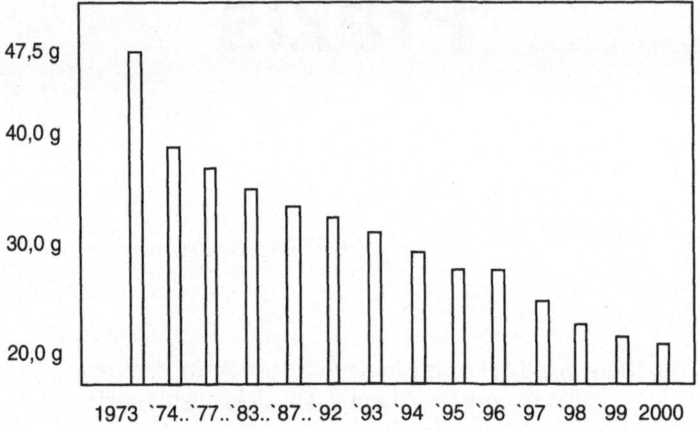

Abbildung 39: Gewichts-Reduzierung bei 0,33 Liter Weißblechdosen.

	Material-Entwicklung (Lieferant)	Material-Verformung (S-L)	Weiterver-arbeitung (S-L)	Ver-arbeitung (Kunde)
Lieferant	X	X		
S-L: Entwicklung	X	X	X	
S-L: Produktion		X	X	X
S-L: Kundendienst				X
Kunde				X

Abbildung 40: Teams, Netzwerke und Partnerschaften.

---

[80] www.schmalbach.com

Die **SCHMALBACH-LUBECA AG**, weltweit führender Hersteller von Metall- und Kunststoffverpackungen, feierte 1998 ihr 100 jähriges Bestehen. 1973 begann man in Weißenthurm bei Koblenz eine weltweit neue **Innovation**, die Herstellung von zweiteiligen Getränke- und Bierdosen aus Weißblech, zu realisieren.

Verbesserung der *Qualität*, Steigerung der *Convenience* und Reduzierung der *Kosten* sind wesentliche Innovationsfaktoren. Gleichzeitig stellen wachsende Anforderungen der Umweltpolitik neue Herausforderungen an die Teams.

Eine **wichtige Voraussetzung** für gute Performance ist die *Stabilität* innerhalb der Mannschaft. Ein Großteil der Mitarbeiter ist seit vielen Jahren im Unternehmen und konnte so *on the Job* in Führungspositionen hineinwachsen.

Der Blick über den *Tellerrand* war darüber hinaus ein weiterer *Erfolgsfaktor*. Aktualisierung der Management- und **Arbeits-Methoden**, ohne sprunghafte Übernahme *Neuer Lehren*, haben sich für Meister und Fachexperten ebenso als nützlich erwiesen wie für das Management. Zu den Stärken der Teams zählt die **Bereitschaft zur Leistung** und zur ständigen Suche nach Verbesserungen.

Durch diese Grundausrichtung ließen sich Schritt für Schritt **Verbesserungen** realisieren. Beispiele sind das Gewicht der Weißblechdose, das von 47,5 Gramm im Jahr 1973 auf 22,5 Gramm im Jahr 2000 *reduziert* werden konnte, und die Produktionsleistungen, die trotz der durch die Gewichtsreduzierung höheren Komplexität kontinuierlich *gesteigert* wurden.

Mitte der 90er Jahre schienen vorübergehend die *Grenzen* der Materialdicken-Reduzierung erreicht zu sein. Strategische Allianzen, *Partnerschaften* und Teams aus Spezialisten waren die Antwort in dieser Situation. Durch intensive **Zusammenarbeit mit Kunden und Lieferanten** konnten die heutigen Standards erreicht werden. Sie zeigen auch noch Potenzial für die Zukunft.

„Es gibt keinen Trick", so der Bereichsleiter Getränkedosen Deutschland GÜNTER SCHÄFER, „sondern nur konzentrierte, zielgerichtete Teamarbeit in einem harmonischen und leistungsorientierten **Umfeld**! Hierzu gehört der Ausbau von Stärken und die Umsetzung von Verbesserungspotenzialen auf der Basis des **EFQM-Modells**."

21 Kreative Talente einer Bank mobilisieren[81]

Es gibt nichts Schöneres, als eine neue Idee funktionieren zu sehen.
Edward de Bono

Abbildung 41: Der *neue* Ansatz für *mehr* Innovation.

ABN AMRO ist eine holländische Bank. Sie wurde 1824 gegründet. In den weltweit 3.500 Filialen sind 110.000 Mitarbeiter beschäftigt, davon 35.000 in Holland und 1000 in Deutschland.

The Golden Idea Program: 1999 wurde das bestehende Vorschlagswesen in Holland von Grund auf neu organisiert. Das *Project Management Office* unter der Leitung von JAN BOUW hatte diese Aufgabe übernommen. Drei Fokus-Prioritäten wurden festgelegt:
1. Strategisch wichtige Topics stehen an erster Stelle,
2. Der Bewertungsprozess für neue Ideen soll transparenter werden,
3. Experten werden jede Idee ernsthaft prüfen.

Die Projekt Mission: Innovation hat einen prominenten Platz innerhalb der ABN AMRO Organisation. Sie ist Teil des Professionalismus, der neben Integrität, Respekt und Teamwork zu den Grundwerten gehört. Kreatives Denken soll durch das Projekt aktiv stimuliert werden.

Die Vision: ABN AMRO hat hoch qualifizierte Mitarbeiter. Diese machen regelmäßig exzellente Vorschläge für Verbesserungen und neue Produkte, indem sie konsequent die erlernten Kreativtechniken anwenden.

Die Basis: Das Programm steht auf zwei Grundpfeilern,
1. dem *Egg-Timer Model* von Professor GASPERZ, der an der Universität von Nijenrode in Holland den Lehrstuhl für Innovation inne hat und
2. den Methoden des kreativen Denkens von EDWARD DE BONO.

Das Ziel: Die Mitarbeiter sollen unbewusste Kompetenz in der Anwendung der Tools entwickeln. Dazu wurde eine strategische Partnerschaft mit QreaCom.nl etabliert, einem Institut, das über erfahrene **zertifizierte** *de Bono Trainer* verfügt.

Die Ergebnisse: Durch zielgerichtetes *Laterales Denken* hat sich die Zahl der eingereichten Vorschläge von 500 in 1999 auf 1000 in 2000 verdoppelt. Es werden darüber hinaus im Vergleich zu früher qualitativ hochwertigere Ideen vorgestellt. Die *de Bono Hüte* haben die Kommunikation und Effizienz in Meetings wesentlich verbessert.

Fazit: „Bisherige Ansätze, innovative Vorschläge zu erhalten, haben nur eine geringe Wirkung gezeigt", so Projekt-Manager JAN BOUW, „von dem neuen Programm sind die Mitarbeiter begeistert und wir bekommen exzellente Resultate."

22 Netzwerke für neue Konzepte öffnen[82]

Success is a journey not a destination.
Ben Sweetland

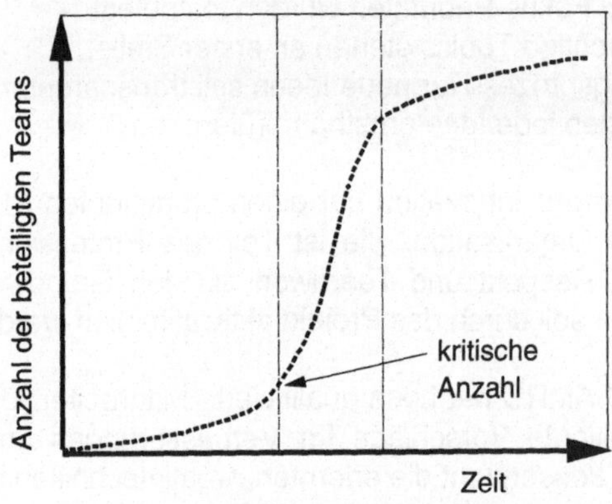

Abbildung 42: Erst die Überschreitung kritischer Massen bringt Erfolg.

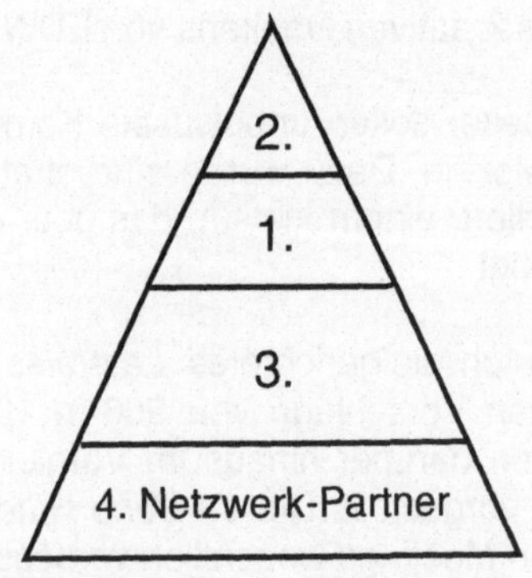

Abbildung 43: Das Schlüsselpersonal der mittleren Ebene (1.) beginnt.

SAS, Scandinavian Airlines System, beschäftigt 27.000 Mitarbeiter im Passagier- und Frachtdienst. Von Schweden, Dänemark und Norwegen aus fliegt SAS fast 100 Ziele weltweit an und kooperiert als Mitglied der STAR ALLIANCE mit anderen Luftfahrtgesellschaften u.a. auch mit der Lufthansa.

In einem weltweit operierenden **Netzwerk**, wie dem der STAR ALLIANCE, sind die Mitarbeiter in besonderem Masse belastet. Typische Merkmale sind:
1. Viele Projekte sind *parallel nebeneinander* abzuwickeln,
2. von allen Beteiligten wird ein *hohes Tempo* gefordert,
3. Zeit für *Weiterbildung* steht kaum zur Verfügung,
4. Weiterbildungszeit wird zur *Aktualisierung* fachspezifischer Themen genutzt.

Dadurch ergibt sich eine **paradoxe Situation**, die für viele Branchen heute typisch ist: Einerseits könnten Aufgaben entspannter abgewickelt werden, wenn **kollektive Tools** beherrscht würden, andererseits haben die Teams keine Zeit, den Gebrauch dieser Tools zu erlernen.

Um diesen **Teufelskreis** zu durchbrechen, hat das Management von SAS sich entschlossen, ein Programm mit dem Namen *Knowledge & Learning* zu starten und dieses zunächst dem strategischen Schlüsselpersonal der *mittleren* Ebene (1.) zugänglich zu machen.

Auf der De Bono Konferenz im Dezember 2000 in London, die von der HOLST-GROUP[83] organisiert wurde, hat ROLAND ZINDERS, SAS Consultant, Details und Erfolge dieses Programms vorgestellt. Wesentliches Element des SAS-Konzepts ist die **Strategie der Kritischen Masse**. Danach wird der Erfolg einer neuen Methode erst dann beurteilt, wenn diese unbewusst und erfolgreich von Vielen im *Day to Day Business* angewendet wird. Der Erfolg spricht sich herum und viele weitere Teams sind interessiert, die Methoden zu erlernen.

Knowledge & Learning charakterisiert diesen Prozess der Übernahme neuer Gewohnheiten in die tägliche Praxis sehr treffend: Man muss die Methoden erst kennen lernen und dann das Anwenden einüben.
Im Mittelpunkt des Team-Programms steht Weiterbildung in den Disziplinen **Kommunikation, Kreativität und Teambildung.**
De Bono Tools sind Teil des Lernprogramms. „ Without anyone realizing how it happened," so ROLAND ZINDERS, **„suddenly it`s there.......!"**

---

[83] www.holst-group.com

23 Entscheidungen im Team effizient fällen[84]

Changing a corporate culture can be as easy as changing a hat!
Edward de Bono

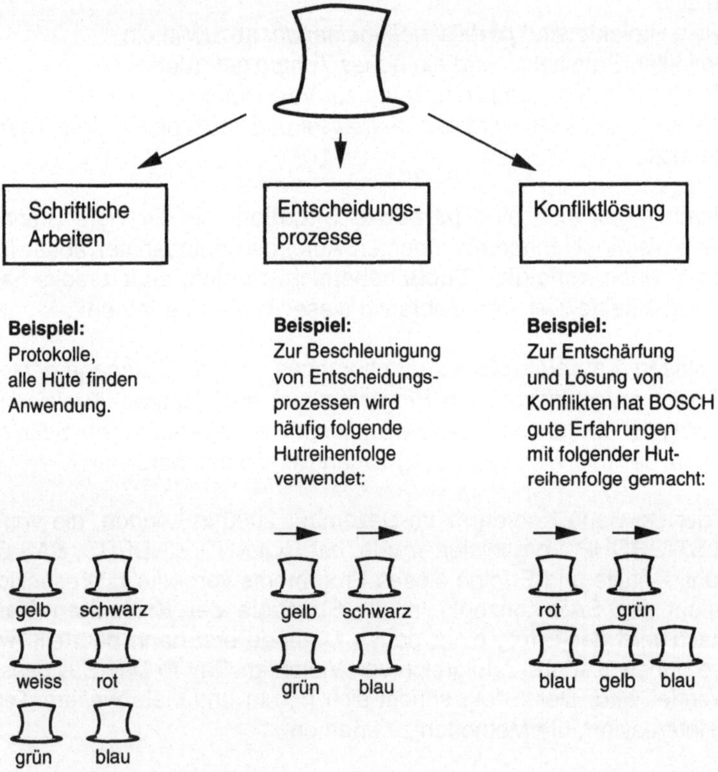

Schriftliche Arbeiten	Entscheidungs-prozesse	Konfliktlösung

Beispiel:
Protokolle, alle Hüte finden Anwendung.

Beispiel:
Zur Beschleunigung von Entscheidungs-prozessen wird häufig folgende Hutreihenfolge verwendet:

Beispiel:
Zur Entschärfung und Lösung von Konflikten hat BOSCH gute Erfahrungen mit folgender Hut-reihenfolge gemacht:

gelb schwarz
weiss rot
grün blau

gelb schwarz
grün blau

rot grün
blau gelb blau

Abbildung 44: Die *Hüte*[85] werden *der Reihe nach* angewendet.

---

[84] www.bosch.com
[85] Erläuterung der Hut-Bedeutungen S. 67

BOSCH Elektrowerkzeuge ist mit einem breit gefächerten Erzeugnisprogramm (Elektrowerkzeuge, Zubehör, Gartengeräte) und einer leistungsfähigen Vertriebs- und Kundenorganisation weltweit (15.000 Mitarbeiter) vertreten.

Zentrale Werte in der Teamarbeit sind gegenseitiges **Vertrauen** und **Wertschätzung** der Mitarbeiter und ihrer Leistungen. Internationalität wird gefördert, regionale Unterschiede werden berücksichtigt.

Der Wettbewerb erfordert intensive und **kundenorientierte Arbeit** in Entwicklung, Fertigung und Vertrieb. Qualität sowie kontinuierliche Verbesserungen der Produkte und Kundendienstleistungen stehen an erster Stelle der Tagesarbeit. **Innovationen** in allen Bereichen sind Voraussetzung für eine weiterhin positive Geschäftsentwicklung in der Zukunft.

Verstärkt wird auf **Teamarbeit** gesetzt. Um die Teams bei ihrer Arbeit zu unterstützen hat BOSCH sich 1999 u.a. für die Einführung der Denkmethoden von EDWARD DE BONO entschieden, insbesondere für *Die sechs Hüte des Denkens*. Weltweit wurden inzwischen ca. 500 Führungskräfte geschult.
Ziele des Team Improvement Programms sind:
1. Effektivitätssteigerung,
2. Förderung der interkulturellen Kommunikation,
3. Förderung der Integration der Geschäftsfelder.

Weiterbildungsleiter ORTWIN VEILE stellt den integrierenden Charakter der **Team Tools** heraus, der darin bestehe, dass es nun eine gemeinsame Denkprozess-Sprache gebe, die auch bei kulturellen Unterschieden *Akzeptanz* finde.

Mit Hilfe dieser Methode werden Berichte erstellt, Besprechungen abgehalten und Konflikte innerhalb von Teams und zwischen Teams gelöst. „Während die *Sechs Hüte Technik* bei der schriftlichen Anwendung hilft, **komplexe Sachverhalte** klar zu strukturieren," so ORTWIN VEILE, „geht es bei der Anwendung in Besprechungen und Gesprächen in erster Linie darum, langwierige Diskussionen abzukürzen und zu einem *Ergebnis* zu kommen."

Schon kurz nach dem Training sind Protokolle kürzer, zugleich aber inhaltlich prägnanter. **Entscheidungsprozesse** in Teambesprechungen und Konfliktsituationen werden beschleunigt und damit effizienter.

24 Entwickeln mit System[86]

A great pleasure in life is doing what people say you cannot do.
Walter Gagehot

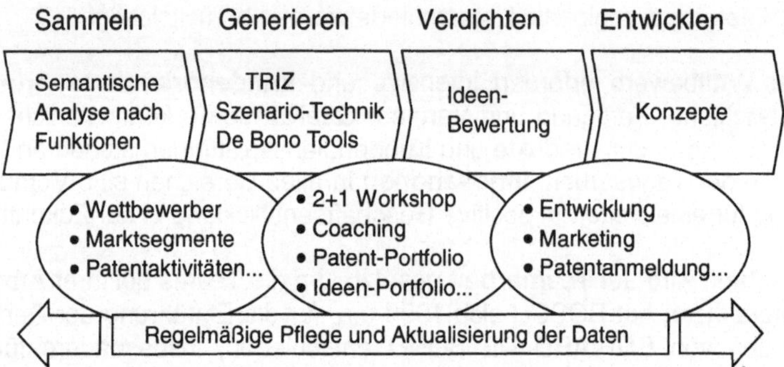

Abbildung 45: Corporate Technology als *Katalysator* für Innovationen.

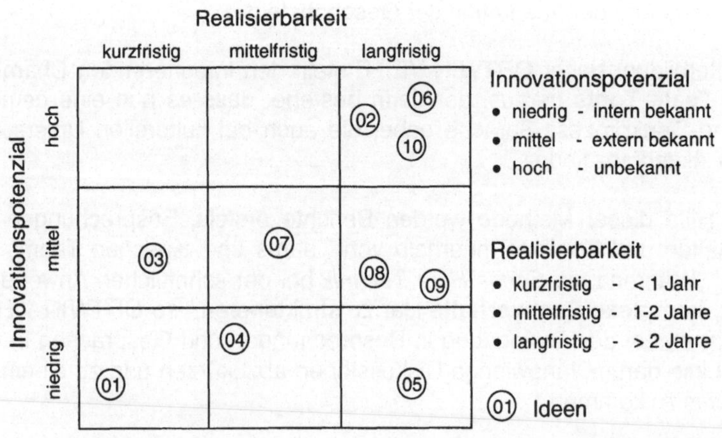

Abbildung 46: Die *Ergebnisse* werden in einer Matrix dargestellt.

---

[86] www.siemens.com

Die **SIEMENS AG** feierte 1997 ihren 150. Geburtstag. Anlässlich des Jahrestages der Unternehmensgründung wurden die Preisträger eines Innovationswettbewerbs in Berlin ausgezeichnet. Auch für Teams werden Anreize geboten. Seit einiger Zeit werden regelmäßig einmal im Jahr *Team Awards* vergeben, um die sich jedes Team bewerben kann[87].

Innovative Kräfte herausfordern: Diese *Strategie der Anreize* einerseits, systematische *Unterstützung der Teams* in den Geschäftsbereichen durch die *Zentralabteilung* Corporate Technology (CT) andererseits, stärken die Innovationskraft und helfen nachhaltig, den Markterfolg von Siemens zu sichern.

Die Vision: Forschungs- und Entwicklungsteams bei Siemens binden sich in das Netz der *Wissensdrehscheibe CT* ein und fordern die angebotenen Serviceleistungen an, wie z.B.:
1. Beratung in strategisch wichtigen Technologie-Fragen,
2. Entwicklung von Zukunftsszenarien,
3. Beratung auf dem Gebiet des gewerblichen Rechtsschutzes,
4. Beratung in Qualitäts- und Umweltfragen,
5. Durchführung von Recherchen (Information Research Center).

Den Zufall systematisieren: Innerhalb von CT unterstützen die Mitarbeiter des Fachzentrums *Product Definition* siemensweit die Entwicklungsteams bei der Erarbeitung neuer Konzepte. Sie sind darauf *spezialisiert*, die im Abschnitt 18 beschriebene Software (*Knowledgist* und *TechOptimizer*) in unterschiedlichen Fachbereichen innerhalb der Teamarbeit anzuwenden, um so systematisch *Solutions* zu entwickeln.

Das Konzept 2+1: „Zwei Tage intensiver Gruppenarbeit gemeinsam mit dem Moderator bilden den Anfang der problembezogenen Lösungsfindung", so REINHOLD PENZL, Leiter des Fachzentrums. „Vier bis sechs Wochen stehen dem interdisziplinären Entwicklungsteam danach für die Bearbeitung offener Fragen zur Verfügung. Dann werden an einem dritten Tag gemeinsam mit dem Moderator die Ergebnisse durch die Gruppe zusammengefasst und in einem Portfolio dargestellt."

Hilfe zur Selbsthilfe: Mitarbeiter des *Product Definition Teams* vermitteln außerdem Methodenkenntnisse (z.B. TRIZ) und wirken als *Methodencoach*, um Entwicklungsteams in die Lage zu versetzen, selbständig mit der *Software for the Brain* Erfolge zu erzielen.

---

[87] SiemensWelt

Praxis: Lessons learned – Mit System zur Team Excellence

Dieses Kapitel hat folgendes bestätigt:

- Teams benötigen ein harmonisches und *leistungsorientiertes* Umfeld.

- Kollektive Tools erhöhen die *Effizienz* von Kooperationen.

- Für das *Erlernen* der Tools benötigen Teams Zeit und Disziplin.

- Mitarbeiter müssen *unbewusste Kompetenz* in der Anwendung der Tools entwickeln.

- Team Improvement Programme können interkulturelle Zusammenarbeit verbessern und *Integrationen* fördern.

- Fazit: **Team Excellence erfordert systematisches Vorgehen.**

Nächste Schritte: Sie haben zwei Alternativen für Ihre künftige Teamarbeit. Sie können weitermachen wie bisher (Alternative 1) oder Sie können Dinge verändern (Alternative 2).

Alternative 2: Hier stehen Ihnen mindestens drei Wege offen:

a) Sie gehen zu einem Motivationsguru, der Ihnen beim Feuerlaufen durch Endorphin-Ausschüttung und Gruppendruck Anker setzt[88] für das notwendige „Du schaffst es!"[89]. Diese Anker sind aber meist locker im Treibsand befestigt, so dass Sie bald in den *Tempel* des nächsten Gurus gelockt werden.

b) Sie können in ähnlicher Weise ein „Ich schaffe es auch ohne ..... !" als Affirmation verwenden und in regelmäßigen Abständen leise vor sich hinmurmelnd wiederholen oder auch laut hinausschreien.

c) Sie können die in diesem Buch empfohlenen Tools erlernen und die Hinweise anwenden. Sie werden feststellen, dass Sie es Schritt für Schritt schaffen, Ihre Teamarbeit gemeinsam mit Ihren Teamkollegen exzellent in den Griff zu bekommen.

So könnten Sie vorgehen:

1. Setzen Sie auf Menschlichkeit[90].
2. Gehen Sie auf andere zu, egal in welcher Position Sie sich befinden. Auch Ihr Boss freut sich über Anerkennung und Lob.
3. Nehmen Sie Spielregeln, Gebräuche und ungeschriebene Gesetze in Ihrer Gruppe bewusst wahr und arbeiten Sie mit diesem Wissen.
4. Üben Sie das partnerschaftliche Denken.
5. Erlernen Sie mit Ihrer Gruppe die Anwendung der für Sie interessanten Tools.
6. Involvieren Sie Vorgesetzte möglichst oft.

Teamstars: Kollektive Tools erhöhen die Effizienz der Kooperation in einem Team sehr eindrucksvoll. Durchdenken Sie, welche Anreize Sie den Mitarbeitern zum Erlernen der für Ihre Business Prozesse wichtigen Tools geben können. „True success requires ... extensive training and retraining, the delegation of authority and accountability to managers and workers ... so that every one becomes a change agent ..."[91].

---

[88] Vgl. dazu Blick durch die Wirtschaft vom 12.12.1997
[89] Schüle C., Die Diktatur der Optimisten, DIE ZEIT, 13.6.2001
[90] Vgl. dazu Mohn R., 2000, S. 255
[91] Ehrbar A., Managing for Value, Harvard Business Review, September 2001, Letters to the editor

Selbstkontrolle: Team Excellence in 24 Schritten

Mit den nachfolgenden Fragen können Sie Ihr Verständnis testen. Die Zahlen vor den Fragen bezeichnen den Abschnitt, in dem Sie Hinweise für die Beantwortung finden. Viel Erfolg!

Begriff
1. Wie definieren Sie *Excellence*?
2. Wann spricht man von einem *Team*?
3. Wodurch kann *Teameffizienz* verloren gehen?

Idee
4. Woraus setzt sich der *Dreiklang* exzellenter Teamarbeit zusammen?
5. Was ist charakteristisch für *partnerschaftliches* Denken?
6. Welche Elemente beinhaltet eine *umfassende* Kreativitätsförderung?
7. Was kann man unter einer *gesunden* Streitkultur verstehen?

Vorgehen
8. Wie wurde die *Mission* des TEAM-STAR Konzepts definiert?
9. Auf welchen *Säulen* sollte eine Einführungsstrategie stehen?
10. Wie verläuft der *Lernprozess* für Excellence Beschleuniger?

Tools
11. Welche Hinweise zur *Zielformulierung* kennen Sie?
12. Welche *Teilprozesse* beim Denken können Sie definieren?
13. Was beinhaltet der *FOG-Factor*?
14. Was führt ein Team aus einem *festgefahrenen* Zustand heraus?
15. Welche Parameter wählen Sie für die *Einordnung* von Ideen?
16. Wie können Funktionen *formalisiert* werden?
17. Welche Fragen markieren den *Beginn* einer jeden Verbesserung?
18. Welche *drei* Komponenten führen zu Innovationen?
19. Durch welche Instrumente erzielt ein Team *schnell* Ergebnisse?

Praxis
20. Welchen Stellenwert hat *Stabilität* in einer Mannschaft?
21. Welchen Effekt haben die Techniken des *Lateralen* Denkens?
22. Was ist heute in vielen Stresssituationen *paradox*?
23. Wodurch lassen sich komplexe Sachverhalte *strukturieren*?
24. Was könnten Sie als *push & pull* für Innovationen einsetzen?

Weiterführende Fragen:

- Was genau drückt Insight I aus und warum ist das sehr wichtig?

- Was ist unter Insight II zu verstehen?

- Welcher Zusammenhang besteht zwischen Insight I und Insight II?

- Wie kann mittels Insight III Team Performance systematisch verbessert werden?

- Welche Gemeinsamkeiten finden Sie in den Praxisbeispielen?

- Wo sehen Sie in Ihrem Umfeld Handlungsbedarf für Team QM?

- Was schlagen Sie als Maßnahmen im Rahmen des Team QM vor?

- Mit welchen Aktionen werden *Sie persönlich* starten?

Glossar

Affirmation:
Affirmationen in der Personalentwicklung sind Behauptungen, die jemand gedanklich oder laut gegenüber sich selbst äußert. Durch Wiederholung werden diese Selbstversicherungen bekräftigt. Gedanken tendieren dazu, sich zu bestätigen.

Ankern:
Ankern bedeutet, ein Bild, ein Ton, eine Berührung u.a. Reize mit einem starken Gefühl fest zu verbinden mit dem Ziel, dass später durch das Auftreten des Reizes automatisch das intensive Gefühl wieder aktiviert wird und für das Verhalten tragend werden kann.

Assessment:
Ein Assessment ist ein strukturierter Bewertungsprozess, den jemand durchführt, um einen aktuellen Status zu definieren.

Augenstellungen:
Die Stellung der Augen verrät, in welchem Bereich des Denkens jemand sich gerade aufhält. In unserem Kulturkreis treffen die ermittelten Grundstellungen für die meisten von uns zu. Unterschiede gibt es hinsichtlich der Augenstellungen zwischen Rechts- und Linkshändern.

Asset:
Assets sind Aktivposten bzw. Werte, die ein Unternehmen nutzen kann.

BTQM[2]:
Berliner Total Quality Management Modell

EFQM:
European Federation of Quality Management.

Erfinderisch:
Eine Idee ist erfinderisch, wenn diese für einen Fachmann nicht naheliegend war.

Kritische Masse:

Als kritische Masse bezeichnet man im Business diejenige Größe, bei der eingeleitete Maßnahmen zu *Selbstläufern* werden: Wenn Vorteile sich herumgesprochen haben und/oder von vielen bestätigt werden, ist das Interesse groß und führt automatisch zu weiteren Verwendern (Multiplikator-Effekt).

KVP:

Kontinuierlicher Verbesserungs Prozess

Modelling:

Durch Modelling (NLP) werden Strukturen des Denkens und Handelns eines Modells ermittelt. Erste Modelle waren hervorragende Therapeuten, deren Handlungsmuster ermittelt wurden. Grundfrage des Modelling ist: Was macht der Spitzenkönner intuitiv anders als der Erfolglose.

NLP:

Das Neuro-Linguistische Programmieren untersucht die Zusammenhänge zwischen Körper, Sprache und Denken. Es will seine Mitmenschen verstehen und sich ihnen verständlich machen und auf der Basis der gewonnenen Erkenntnisse positive Veränderungen in Gang setzen. NLP wurde in den 70er Jahren von Richard Bandler und John Grinder entwickelt. Zu den Erkenntnissen des NLP haben seitdem viele Autoren ihre Erfahrungen beigesteuert.

TQM:

Total Quality Management

Wertanalyse:

Das System der Wertanalyse ist ein umfassendes Value Management System, das durch Teams implementiert wird. Es geht auf Larry Miles zurück. Ziel ist immer eine bessere Lösung. Einzelheiten dazu finden Sie in der Literatur, in EN 1325 (Teil1) und DIN EN 12973 (Value Management).

Der Wert wird u.a. definiert durch:

$$\text{Value} = \text{Function} \ \blacktriangle \ / \ \text{Cost} \ \blacktriangledown$$

Literaturverzeichnis

Adair J., 1986:
Effective Teambuilding, Gower Publishing Company, Aldershot, 1986

Allen L.A.,1964:
The Management Profession, McGraw-Hill Book Company, New York, 1964

Andreas S., Faulkner C., 1994:
NLP – The New Technology of Achievement, William Morrow & Co, New York, 1994

Armstrong M., 2000:
Rewarding Teams, Institute of Personnel and Development, London, 2000

Beitz L.-E., 1996:
Schlüsselqualifikation Kreativität, Steuer und Wirtschaftsverlag, Hamburg,1996

Behn R. D., Vaupel J. W., 1982:
Quick Analysis for Busy Decision Makers, Basic Books, New York, 1982

Belbin R.M., 2000:
Beyond the Team, Butterworth – Heinemann, Oxford 2000

Berth R., 1997:
Der große Innovationstest, Econ, Düsseldorf, München, 1997

Blake R.R., Adams McCanse A., 1992:
Das GRID-Führungsmodell, ECON, Düsseldorf, Wien, New York, Moskau, 1992

Buchner D., 1995:
Team-Coaching: gemeinsam zum Erfolg, Gabler, Wiesbaden, 1995

Burow O.-A., 1999:
Die Individualisierungsfalle: Kreativität gibt es nur im Plural, Klett-Cotta, Stuttgart, 1999

Buzan T., 1995:
Use Your Head, BBC Books, London, 1. Edition 1974

Clayton S., 1996:
Sharpen your team's skills in supervision, McGraw-Hill, Maidenhead,1996

De Bono E., 1969
The Mechanism of Mind, Jonathan Cape Ltd., London, 1969

De Bono E., 1990:
Lateral Thinking, Penguin Books, London, 1990, 1. Auflage 1970

De Bono E., 1985:
Six Thinking Hats, Key Porter Books Ltd., 1985

De Bono E., 1992:
Serious Creativity, Using the Power of Lateral Thinking to Create New Ideas, HarperCollinsPublishers 1992

De Bono E., 1998:
Parallel Thinking, From Socratic to de Bono thinking, Penguin, London, 1995, first published by Viking, 1994

De Bono E., 1998:
Simplicity, Penguin, London, 1999, first published by Viking, 1998

Decker F., 1994:
team working, Gruppen erfolgreich führen und moderieren, Lexika, München, 1994

Dilts R. B., Bonissone G., 1993:
Skills for the Future, Managing Creativity and Innovation, Meta Publications, Cupertino, 1993

DIN EN ISO 9000, 2000:
Qualitätsmanagementsysteme, Grundlagen und Begriffe, Beuth Verlag GmbH, Berlin

Donnellon A., 1996:
Team talk, the power of language in team dynamics, Harvard Business School Press, Boston,1996

Etzioni A., 1994:
Jenseits des Egoismus-Prinzips, Ein neues Bild von Wirtschaft, Politik und Gesellschaft, Schäffer-Poeschel, Stuttgart 1994

Fiedler-Winter R., 2001:
Ideenmanagement – Mitarbeitervorschläge als Schlüssel zum Erfolg, Praxisbeispiele für das Vorschlagswesen der Zukunft, verlag moderne industrie, Landsberg/Lech, 2001

Friedrich M., 1994:
Kreatives Brainwriting mit Brain-Maps, Wissenschaftliche Fundierung eines innovativen Konzeptes,
Verlag Thomas Hobein, Bergisch Gladbach,1994

Hammer M., Champy, J., 1994:
Business Reengineering – Die Radikalkur für das Unternehmen, Campus Verlag Frankfurt / New York, 1994; Originalausgabe: Reengineering The Corporation: A manifesto For Business Revolution, Harper Business, New York, 1993

Häusel H.-G., 2000:
Think Limbic: Die Macht des Unbewussten verstehen und nutzen für Motivation, Marketing, Management, Haufe, Planegg, 2000

Haumer H., 1994:
Das Wildentenprinzip, Die Strategie von Kampf und Konsens im Management, Verlag Orac, Wien, 1994

Heller R., 1997:
In Search of European Excellence, HarperCollinsBusiness, London, 2000

Hirt J., 1970:
Das Ich und das Gesetz von Lust und Unlust, Josef Hirt, Zürich, 1970, 1. Auflage 1952

Hoffmann H.J., 1979:
Wertanalyse, Erich Schmidt Verlag, Berlin, 1979

Holpp L., 1999:
Managing Teams, McGraw-Hill, New York, 1999

Huszczo G.E., 1996:
Tools for Team Excellence, Davies-Black, 1996

Imai M., R., 1994:
Kaizen, Der Schlüssel zum Erfolg der Japaner im Wettbewerb, Ullstein, Berlin, 1994

Jay R., 1995:
Built a Great Team!, Pitman Publishing, London,1995

Kahle D., 1999:
The Six-Hat Salesperson, A Dynamic Approach for Producing Top Results in Every Selling Situation, Amacom, New York, 1999

Katzenbach J. R., Smith D. K., 1993:
The Wisdom of Teams, Creating the High-Performance Organization, Harvard Business School Press, Boston, 1993

Katzenbach J. R., 1998a:
Teams at the TOP, Unleashing the Potential of Both Teams and Individual Leaders, Harvard Business School Press, Boston, 1998

Katzenbach J. R., 1998b:
The Work of Teams, Harvard Business Review Book, Boston, 1998

Kepner C. H., Tregoe B.B., 1982:
Entscheidungen vorbereiten und richtig treffen: rationales Management; neue Herausforderung, Verlag Moderne Industrie, Landsberg/Lech,1982

Kinlaw D. C., 1993:
Spitzenteams, Spitzenleistung durch effizientes Teamwork, Gabler, Wiesbaden, 1993

Kline P., Saunders B., 1993:
Ten Steps to a Learning Organization, Great Ocean Publishers, Arlington, 1993

Korzybski A., 1958:
Science and Sanity. An Introduction to Non-Aristotelian Systems and General Semantics. Institute of General Semantics, Lakeville, (1. Auflage 1933)

Krause R., 1996:
Unternehmensressource Kreativität: Trends im Vorschlagwesen –
erfolgreiche Modelle – Kreativitätstechniken und Kreativitäts-Software, Wirtschaftsverlag Bachem, Köln, 1996

Kreuz W., et al. 1995:
Mit Benchmarking zur Weltspitze aufsteigen, Verlag Moderne Industrie, Landsberg/Lech, 1995

Leigh A., Maynard M., 1995:
Leading your team, How to involve and inspire teams, Nicholas
Brealy Publishing, London, 1995

Leonard D., Swap W., 1999:
When Sparks Fly, Igniting Creativity in Groups, Harvard Business
School Press, Boston, 1999

Linnenbaum F. J., 1974:
Vermögensbildung mit Aktien unter dem Einfluss der Inflation,
Betriebswirtschaftlicher Verlag Dr. Th. Gabler, Wiesbaden, 1974

Linnenbaum F. J., 1998:
Die sechs Hüte des Denkens, Das Kreativitätspotenzial des einzelnen Mitarbeiters erschließen – zur Stärkung des Teams,
Blick durch die Wirtschaft, Frankfurt, 24.6.1998

Linneweh K., 1978:
Kreatives Denken, Gitzel, Karlsruhe, 1978

Little G. R., 2000:
Management Team Leadership, Managemnt Books 2000 Ltd.,
Chalford, 2000

Lorayne H., 1957:
Wie man ein Super-Gedächtnis entwickelt, New York, Düsseldorf
1957

Lung H., 1995:
Qualitäts Kompetenz, Systemische Strategien in Unternehmen,
Ernst Reinhardt Verlag, München, Basel, 1995

Maddux R.B., 1993:
Team-Bildung: Gruppen zu Teams entwickeln, Carl Ueberreuther, Wien 1993

Majaro S., 1992:
Managing Ideas for Profit, The creative gap, McGraw-Hill International, England, 1992

ManagerSeminare, 1996:
Spitzenteams; Was ihre Stärke ausmacht; Wie sie geführt und gefördert werden; Instrumente der Teambildung; Checkliste: Wie stark ist Ihr Team? ManagerSeminare, Bonn, 1996

Mankin D., Cohen S. G., Bikson T. K., 1996:
Teams and Technology, Fulfilling the Promise of the New Organization, Harvard Business School Press, Boston, 1996

McAlindon H.R., 1989:
Commitment to Quality,
Great Quotations, Inc.,1989

Mohn R., 2000:
Menschlichkeit gewinnt, Eine Strategie für Fortschritt und Führungsfähigkeit, Verlag Bertelsmann Stiftung, Gütersloh, 2000

Moi A. et al., 2001:
Managing for Excellence, Dorling Kindersley Limited, London, 2001

Notdurft M., 2000:
Im Team an die Spitze, Handbuch der Teamarbeit, GABAL, Offenbach, 2000

O`Connor J., Seymour J., 1993:
Neuro-Linguistic Programming, Psychological Skills for Understanding and Influencing People, The Aquarian Press, London, 1993

Osborn A.F., 1963:
Applied Imagination – Principles and procedures of creative problem-solving, Third Edition, Charles Scribner`s sons, New York (1. Auflage 1953)

Peters T.J., Waterman R.H., 1982:
In Search of Excellence – Lessons from America`s best-run Companies, Harper & Row,1982

Pfitzinger E., 2001:
Projekt DIN EN ISO 9001:2000, Beuth Verlag GmbH,

Quiske F. H., Skirl S. J., Spiess G., 1973:
Denklabor Team, Deutsche Verlags-Anstalt, Stuttgart 1973

Radtke P., Wilmes D., Bellabarba A., 1999:
Leitfaden zur Excellence: Das Berliner TQM Umsetzungs-Modell, Carl Hanser Verlag München Wien

Radtke P, Wilmes D., 2000:
European Quality Award, Carl Hanser Verlag München Wien

Robbins H. & Finley M., 2000:
Why Teams Don`t Work, What went wrong and how to make it right, TEXERE Publishing, London

Schmidbauer W., 1977:
Selbsterfahrung in der Gruppe, Paul List Verlag KG, München, 1977

Schnetzer R., 1999:
Workflow-Management kompakt und verständlich, Friedr. Vieweg & Sohn Verlagsgesellschaft, Braunschweig/Wiesbaden, 1999

Schnetzer R., Soukup M., 2001:
Business Excellence effizient und verständlich, Friedr. Vieweg & Sohn Verlagsgesellschaft, Braunschweig/Wiesbaden, 2001

Senge P.M., 1990:
The Fifth Discipline. The art and practice of the learning organization, Doubleday/Currency, New York, 1990

Spencer J., Pruss A., 1992:
Managing Your Team, Piatkus LTD, London,1992

Straker D., 1997:
Rapid Problem-Solving with Post-it® Notes, Gower, England, 1997

Tanner D., 1997:
Total Creativity in Business & Industry, Advanced Practical Thinking Training, Des Moines, 1997

Tominaga M., 1997:
Auf der Suche nach deutschen Spitzenleistungen, Econ Verlag, Düsseldorf und München, 1997

Ulrich D., 1998:
Delivering Results, A New Mandate for Human Resource Professionals, Harvard Business Review Book, Boston, 1998

Urban D., 1996:
Chancen für Querdenker, Mit emotionaler Intelligenz(EQ) zur alternativen Problemlösung, Orell Füssli Verlag, Zürich 1996

Wahren H.-K. E., 1994:
Gruppen- und Teamarbeit in Unternehmen, De Gruyter, Berlin, 1994

Waterman R.H., 1994:
Frontiers of Excellence – Learning From Companies That Put People First, Nicholas Brealy Publishing, London, 1994

Wellershoff D., 1997:
Führen, Wollen-Können-Verantworten, Bouvier Verlag, Bonn, 1997

Zentrum Wertanalyse 1995:
Wertanalyse, Idee-Methode-System, VDI Verlag, 1995

Zink K. J., 1994:
Business Excellence durch TQM, Erfahrung europäischer Unternehmen, Carl Hanser Verlag, München, Wien, 1994

Zink K. J., 1995:
Erfolgreiche Konzepte zur Gruppenarbeit, aus Erfahrungen lernen, Luchterhand, Neuwied, 1995

Zwicky F., 1971:
Entdecken, Erfinden, Forschen im morphologischen Weltbild, München 1971

A

ABN AMRO 79
Affirmation 87
Aktion 49, 51
Arbeitsziel 51, 57, 59
Audit 31
Audit-Fragen 31
Autorität 35
Award 10

B

Beamer 73
Benchmarks 39
Best in Class 10
Bewertungsprozess 79
Biocomputer 12, 29
BOSCH Elektrowerkzeuge 83
Brainstorming 29
BTQM² 15
Business Prozess 45
Business Team 20, 39

C

Center of Excellence 15
Champion 43, 46
Coach 33, 36
Coaching 23

D

DATT 67
Denkprozess 11, 51
Denkstrategien 67
Denkwerkzeuge 73
Die sechs Hüte des Denkens 55, 83
Dominanz 35

E

Effizienz 27, 39, 69, 79, 86, 87
EFQM 15
Egg-Timer Model 79

Einführungsstrategie 43
Emotionale Intelligenz 25
Entscheidung 49
Entscheidungsprozess 83
Erfolg 41, 43
Erfolgsfaktoren 57
Ergebnis 73, 83, 88
Erwartungen 74
Excellence 10, 11, 15, 20, 31, 67, 88
Excellence Assessment 10
Excellence Beschleuniger 12, 41, 57, 88
Experten 19

F

Fachkompetenz 25
Fairness 25
Fakten 51, 53
Filter 53
Flexibilität 41
FOG-Factor 53
Fokus 51
Führungskreis 46
Führungsqualität 14

G

Gefühl 25, 49, 74
Geschäftsprozesse 10
Gruppe 17
Gruppenarbeit 35

H

Hackordnungen 27
Handlungsprinzipien 11, 35, 41
HR-Potenziale 14

I

Idee 31, 45, 69, 71, 79
Impulsgeber 33

Individuum 17
Initiator.................................... 33
Innovation 57, 71, 74, 83, 88
INPUT 51
Integration 83, 86
Intelligenz 43
Intuition 29, 33
Invention-Machine 69, 71

K

Kapitän 33, 36
kollektive Tools....................... 25
Kommunikation 83
Kompetenz 79, 86
Konflikte................................. 36
Kooperation 73
Kreativität .. 25, 28, 29, 31, 35, 36
Kreativtechniken...................... 57
kritische Masse 43
Kundenorientierung............ 14, 29

L

Lateral 67, 79, 88
Lernprozess 41, 45, 88
Lieferantenbeziehungen 14
Lieferbereitschaft..................... 29
Lösungen..........................51, 71

M

Management by Vorbild 19
Map 53
Matrix..................................... 59
Mehrheitsverhältnisse 49
Methodencoach....................... 85
Methodenkompetenz 25
Methodenwissen 43
Mission 41
Modelling................................ 57
Moderation 73
Moderator................................ 35

Moment der Exzellenz.............. 23
Motivation 25
Motivationsguru 87
multikulturell........................... 55

N

Netzwerk............................43, 76
Neuheit 31
NLP............................ 49, 53, 57
Norm...................................... 15

O

OBI.. 33
OPEL AG................................ 33
Orientiertes Denken 51
OUTPUT................................. 51

Ö

Ökologie Check 49

P

Parallel Thinking..................... 27
Partnerschaft 35, 76, 79
Patent 31
Pilotinformation...................53, 55
Prioritäten 65
Produktqualität 29
Projektteam 27
Prozess......................... 14, 63
Prozessdenken....................... 63

Q

Qualität 15

R

Reengineering 29, 63
Reframing 57
Remote Teams........................ 17
Ressourcenreichtum 33
Resultate 79

S

Sachbezogene Vorgehensweise 14
SAP AG 35
SAS 81
SCHMALBACH-LUBECA AG ..77
Self-Assessment 15, 31
SIEMENS AG....................85
Six Thinking Hats 67
Sozialkompetenz....................25
Speed-up....................73
Spielregeln 39, 67, 87
Spin-offs 69
Stabilität....................25
Strategie der Anreize 85
Super-Gedächtnis 65
Synergie 27
Synergieeffekte 27
System 14, 87

T

TEAM-STAR Konzept17, 39, 41, 45, 46, 88
Team10, 11, 12, 17, 19, 20, 27, 31, 33, 41, 45, 49, 59, 69, 71
Team Awards 85
Team Coach..............12
Team Excellence12, 19, 20, 29, 57, 86
Team Excellence Modelling.....23
Team Kapitän..............12
Team Performance 11, 19, 43
Team QM 10, 12
Team Tools 12
Teamarbeit 11, 28, 39, 49, 87, 88
Teamarbeiter..............35
Team-Arten 17
Teambegriff..............17
Teamdirigenten 41
Teameffizienz..............19
Teamfähigkeit..............17
Teamgröße..............17

Teamleiter..............12, 36
Teamleitung..............25
Teamplayer..............17
Teamproduktivität..............11
Teamspieler..............19
Teamstar 22, 23, 38
Teamwork..............79
Technologien..............69
Technologie-Transfer 69
TechOptimizer 71
Tools 27, 36, 57, 74, 86, 87
Total Beaming 73
Total Creativity..............29
Total Quality Management.......10

U

Umfeld 17, 36, 86

V

Verbesserungspotenziale.........14
Vertrauen..............25, 83
Virtuelle Teams 17
Vision..............41
Vorbild 36
Vorbildfunktion..............35
Vorschlagswesen 79

W

Wahrnehmung..............29, 53, 74
Werte..............11
Wertvorstellungen 25
Wissen..............45, 71, 74
Workshop 73

Z

Zertifikat..............39
Zertifizierung..............10
Ziele..............25, 49

Anschrift des Autors:

Franz J. Linnenbaum
Schleusenstr. 33
D-38159 VECHELDE

Fax: 49 (0) 5302 4103
mail: FJL-cre@t-online.de

www.TeamExcellence.de

Seminare, Workshops &
Anwendungstraining
(Deutsch / Englisch)

Weitere Titel aus dem Programm

Hans Jochen Koop/K. Konrad Jäckel/Anja L van Offern
Erfolgsfaktor Content Management
Vom Web Content bis zum Knowledge Management
2001. XVI, 289 S. mit 17 Abb. u. 21 Tab. Geb. € 49,00
ISBN 3-528-05769-6

Oliver Lawrenz/Knut Hildebrand/Michael Nenninger/Thomas Hillek
Supply Chain Management
Strategien, Konzepte und Erfahrungen auf dem Weg zu digitalen
Wertschöpfungsnetzwerken
2., überarb. u. erw. Aufl. 2001. XIV, 374 S. Geb. € 49,00
ISBN 3-528-15742-9

Matthias Meyer/Stefan Weingärtner/Fabian Döring
Kundenmanagement in der Network Economy
Business Intelligence mit CRM und e-CRM
2001. ca. 250 S. Geb. ca. € 49,00   ISBN 3-528-05766-1

Jürgen Lohr/Andreas Deppe
Der CMS-Guide
Content Management-Systeme: Erfolgsfaktoren, Geschäftsmodelle,
Produktübersicht
2001. XVI, 201 S. mit 14 Abb. Geb. € 99,00   ISBN 3-528-05768-8

Abraham-Lincoln-Straße 46
65189 Wiesbaden
Fax 0611.7878-400   Stand 1.10.2001. Änderungen vorbehalten.
www.vieweg.de   Erhältlich im Buchhandel oder im Verlag.